学会淡然 懂得看开

周则闻○编著

中国纺织出版社

内 容 提 要

人生的许多痛苦皆因心态使然。在这喧嚣纷扰的俗世之中，只有淡然看待，坦然面对，心不为世俗所扰，身不为物欲所驱，一切随缘，顺其自然，懂得看开，我们才能找回生活原本的快乐。本书分上下两篇，从得失、荣辱、情绪、诱惑、淡薄、宽心、随缘、看开等方面，对做人要有淡然之心，看开之念进行阐述，并配以饶有寓意的哲理故事，给读者以启迪，帮助读者完善自己，创造幸福人生。

图书在版编目（CIP）数据

学会淡然　懂得看开／周则闻编著．--北京：中国纺织出版社，2014．7　（2024.4重印）
ISBN 978-7-5180-0596-3

Ⅰ．①学…　Ⅱ．①周…　Ⅲ．①人生哲学—通俗读物
Ⅳ．①B821-49

中国版本图书馆CIP数据核字（2014）第073258号

策划编辑：闫　星　　责任编辑：闫　星　　责任印制：储志伟

中国纺织出版社出版发行
地址：北京市朝阳区百子湾东里A407号楼　邮政编码：100124
销售电话：010—87155894　传真：010—87155801
http：//www.c-textilep.com
E-mail：faxing@c-textilep.com
官方微博http://weibo.com/2119887771
北京兰星球彩色印刷有限公司印刷　各地新华书店经销
2014年7月第1版　2024年4月第2次印刷
开本：710×1000　1/16　印张：15
字数：200千字　定价：69.80元

前 言

人生苦短，尘世中的人们，苦苦追寻的无非是幸福这个终极目标。然而什么是幸福？幸福是坐拥亿万家财？幸福是名利双收？事实上，幸福来自于我们的内心。现代社会，竞争日益激烈，一个人生活的幸福指数多高，不在于他是否有骄人的事业，不在于是否有完美的爱人，也不在于他的理想有多宏伟，而在于他是否有一颗平静和感知幸福的心。美国一家把幸福作为研究目标的科研机构得出结论：幸福与年龄、性别和家庭背景无关，而是来自于轻松的心情和健康的生活态度。

有人说，人生的痛苦来自于计较。有些人为了利与人争吵不休，有些人为了名和他人争来夺去，也有一些人因为鸡毛蒜皮的事与人拳头相向……他们的生活充满着怨气、矛盾和纠葛，他们又怎么会感知到幸福呢？他们总是为难别人，也为难自己，他们常常问自己：为什么别人拥有那么多？为什么我会失去那么多？为什么我命运坎坷、别人的生活却幸福美满？为什么他不爱我？在计较和强求中，世界越来越浮躁，人们也越来越迷失本心。心理学家说，一个人的快乐，不是因为他拥有得多，而是因为他计较得少。保持快乐需要有平常的心境，淡然的气质，顺应自然的规律，接受现状并能够坦然享受当下的快乐，把握好自己的情绪。

在纷扰的尘世中，也有这样一些人，他们风轻云淡、宠辱不惊。他们内心淡然、凡事随缘，他们拥有驾驭内心的强大力量，他们能超然物外，坦然面对名利、诱惑、挫折、平淡。他们从不过多计较，更不强求，他们心宽如海，胸中装得下万事万物，面对人生浮沉，能做到不急不躁、不温不火、心平气和、波澜不惊。心不为世俗所扰，身不为物欲所驱。

可见，淡然不是淡漠，不是消极避世，而是站在更高层次来俯视生活，而是阅尽沧桑后的醒悟，是了然于胸的大度，是淡看荣辱得失的超脱，是坦然面对一切的平静。

不得不承认，“宠辱不惊，看庭前花开花落；去留无意，望天空云卷云舒”，这份闲散与安逸，对于现代社会奔波于家庭和职场中的人们来说，或许真的是一种奢望。当然，要放下人生路途中的羁绊，还是需要我们有一颗淡然的心。对“花花绿绿”“流光溢彩”不生非分之心，不做越轨之事，不做虚幻之梦。面对外界种种变化与诱惑，心不痒，嘴不馋，手不伸，脚不动，荣辱不惊，去留淡然，白天知足常乐，夜晚睡眠安宁，走路步步稳健。总之，拥有一颗平常的心，能让我们拿捏好尺寸，把握住幸福。

人生一世，贫与富、贵与贱、荣与辱、得与失在所难免，重要的是我们应当学会在生活中寻找一个平衡的坐标，让自己不因得意而张扬，不因失意而沉沦，在面对生命的大喜大悲或者生死无常的时候，能以一种淡然和随缘的心态来对待一切，而那些人生中的名缰利锁和悲欢离合也自会纷纷落地成尘。

编著者

2014年4月

目 录

上篇 淡然，人生豁然开朗

下篇　随缘，生命快乐自在

上篇　淡然，人生豁然开朗

人生只有短短几十年，又何必太计较得失进退？一切看开一些，少一些欲望，也就少一些失望，多些满足。看得开，说起来轻松，做起来却很难，因为现实社会的诱惑不经历一番灵魂的拼搏，又哪里能抵挡得住。不管你有多高的道德文化修养，你毕竟是食人间烟火的凡人。不管什么社会，都有不公平，一旦这样的事情落到自己头上，那心理就会失衡。所以，要使我们的心理平衡，最终还得靠“看得开”这根杠杆来调节。

第1章　得意时看淡，失意时更要看开

人这一生不可能顺顺利利，有得意必有失意，有快乐必有痛苦，有欢笑必有眼泪，重要的是人的心态，所谓“得意时看淡，失意时更要看开”。当我们得意的时候，心情就会很好，感觉天格外蓝，空气也清新，希望所有的人都来分享自己的喜悦。然而，人生之路就好像天气一样，总不可能永远风和日丽、艳阳高照，也会有风雨交加、电闪雷鸣的日子。我们不可能只享受晴朗的天气，而回避恶劣的天气。所以，不论人生有什么样的风风雨雨，我们要学会坦然面对。

失意是人生自省的课题

我们虽不奢望人生一帆风顺，不过总希望人生的路是笔直的，尽管中间会遇到困难和挫折。然而，生活就好像是电影一般，意外总是在不经意间出现，其中最让人难以接受的是，往往不是失败和挫折，而是无能为力的煎熬，这就是失意时的感觉。所谓失意，不是一场巨大挑战后的失败，而是根本没有挑战的机会，不管自己所处的现状在别人眼里看来是好是坏，但在自己看来都是没有希望的牢笼。虽然，失意时的落寞时刻是一种如地狱般的煎熬，但在这时更需要自我反省，为什么自己会落到失意的境

地？除了时运不济，是否应该去寻找一些主观上的原因呢？成功者总会抓住失意时的机会，自我反省，总结失败的经验和教训，然后有一天再东山再起。

和田一夫21岁那年，自己经营的位于静冈县热海家的蔬菜水果店被一场大火烧毁，他几乎失去了所有，但是，失败并没有让他放弃希望，他将烧成平地的100平方米土地拿去做抵押，借钱买了块300平方米的土地盖了一个超级市场。超级市场在和田一夫的经营下，发展越来越好，这时，和田一夫想带着自己的超级市场进军亚洲，而新加坡成为了进入亚洲的起点。

1972年，和田一夫和日本野村证券公司第一次考察新加坡市场。然而，就在新加坡，他碰到了两件令自己苦恼的事情：一是新加坡租金太贵，完全超出了自己的预算；二是，日本曾有段加害新加坡人的历史。对此，和田一夫说："对日本百货公司来说，70年代是一个必须面对历史的时代。"回到日本后，和田一夫告诉了董事们这两件事，结果董事们纷纷表示反对投资新加坡。但是，和田一夫明白：零售业成功的因素是要消费者口袋里装着钞票。于是，在70年代初期，和田一夫在新加坡开辟了第一个亚洲市场。1976年，受世界石油危机的冲击，新加坡八百伴被迫关门。通过这次教训，和田一夫领悟到：不该死守一个地方，要大胆调动资金，分散资产。紧接着，八百伴从东南亚"流通"到了中国。80年代末期至90年代初期，整个亚洲经济处于全盛时期，和田一夫的八百伴集团在16个国家拥有了400多间百货公司，八百伴集团坐上了世界零售业第一把交椅。

1997年，在日本负责掌管日本八百伴公司的和田一夫的弟弟，因被指控欺骗日本财政部而被法庭判定有罪，同时也判定和田一夫结束所有海外企业，回日本受审。当时，日本媒体称和田一夫将资金调动到中国，拖累了日本八百伴。一夜之间，和田一夫变成了一个连累八百伴股东和员工的罪人。这时，和田一夫做出了决定，宣布"自我破产"，交出所有财物，向企业界告别，搬到一个租来的房子里。

如今，和田一夫成立了"和田一夫企业咨询公司"，他的日常工作就是用电脑给许多企业家回答问题，为企业团体作演讲。同时，他以探讨自己的失败撰写了《从零开始的经营学》，这本书成为了日本经典著作之一。对此，和田一夫这样说："失败是我的财富，我想将这个企业咨询网络像当年八百伴一样伸展到亚洲，甚至全世界。"

在每一个失意故事的背后，往往隐藏着宝贵的经验。实际上，失意本身就是人生自省的课题，它是一笔不可缺失的财富。尽管当我们遭遇失败、挫折的时候，都会感受到失意时的煎熬，但是，假如自己长时间深陷失意的情绪中难以自拔，不懂得自省，那失意还是会找上你，失败则会成为你的代名词。美国著名心理学家贝弗利·波特认为，当一个人在工作中的失败感大于他所取得的成就感时，就很有可能对自己的工作失去热情，而当这种失败感以一定的频率固定出现的时候，他就很容易对自己的工作产生倦怠。所以，在人生失意的时候，我们需要的是自我反省，不断积累失败的经验，让失败成为一笔财富，而不是自甘堕落，自暴自弃，藏起来独自抚摸失意的情绪。

1954年，巴西人都认为巴西足球队能获得世界冠军，然而，巴西足球队在半决赛中意外地败给了法国队。结果，那个金灿灿的奖杯与巴西无缘。当回国的飞机进入了巴西领空，球员们坐立不安，因为他们心里很清楚，这次回国肯定会遭遇难堪的情景。然而，当飞机降落在首都机场的时候，首先映入他们眼帘的却是另一种景象：巴西总统带着两万多名球迷默默地站在机场，共举一条大横幅：失败了也要昂首挺胸！顿时，球员们泪流满面，暗暗下定决心：告别昨天的失败，为下一次比赛努力！

4年后，巴西足球队又一次站在比赛场上，这一次，他们不负众望，夺得世界冠军，这是巴西足球队为国家捧回的第一次世界杯冠军奖杯。在巴西机场，16架喷气式战斗机为球员们护航，当飞机降落的时候，聚集在机场上的欢迎者达到了三万多人。从机场到首都广场不到20公里的道路两侧，自动聚集起来的人超过了100万人，里奥市长由于晚出发了一会，竟无法驱车去机场。在路途中，球员被请进豪华汽车，几个主力球员则被人用手臂向前传递，在4个多小时的路程，主力球员几乎脚不沾地，一直被送到总统府。

失败并不可怕，失意的情绪也并不可怕，可怕的是就此沉浸在失意的

痛苦煎熬之中。面对失意也要反省人生，也要昂首挺胸，也要懂得努力，这样我们才会迎来未来的胜利。人生的成功需要环环相扣，每一个阶段的终点意味着你达到了新的起点。假如我们把人生的每一个失意都当作上天的考验，当作需要不断反省的课题，那人生真的会给我们一次次重来的机会。

在人生道路上，成功没有巅峰，追求也没有止境。短暂的得意往往会束缚人们前进的步伐，一时的辉煌也往往会消减人们的斗志。而失意中的自省，让人们在放弃时能鼓足勇气，想逃避时拾起自尊。

人生不如意十之八九

我们常说的一句话是“万事如意”，这样的祝愿总是美好的，一如人们的希望、期望和憧憬。不过，在现实生活中，每个人的生活却不可能事事顺心，事事如意。在人生的旅途中，我们每个人必须面对的是健康、婚姻、家庭、事业、声誉、金钱、权势。人们总希望健康，少生病，不生病；希望长命百岁，永远年轻、漂亮、潇洒；希望读一个好的大学，找一份好的工作，最好是事业有成，飞黄腾达；希望获得很多的金钱，过上锦衣玉食的日子；希望有一段美好的姻缘，有个温馨的家庭，孩子聪明可爱，老公温柔体贴。然而，这只是“希望”，现实往往事与愿违，俗话说“人生不如意十之八九”，我们常常是那不如意之人。

1991年11月7日，当时32岁的NBA名将“魔术师”约翰逊在湖人队记者招待会上宣布退役，因为他感染了艾滋病病毒。二十年过去了，约翰逊依然积极地活着，用中国的一句话说：人生不如意十之八九，又何必跟自己过不去呢?

感染艾滋病病毒之后，约翰逊一直接受鸡尾酒疗法，将自己的病情控制在稳定的范围之内。他是三个孩子的父亲，同时也是丈夫，在家人的陪伴与支持下，他重新投入到工作中，管理着一个不小的商业王国，资产比退役时增加了将近20亿美元。2001年，约翰逊成立了魔术师约翰逊发展公司，拿下了洛杉矶城市里一块没人要的土地，建造了魔术师约翰逊剧院。后来，他说服了众多大商家入驻，并逐渐使其形成一个新的商业中心。2006年，约翰逊大胆收购了一家著名的连锁餐厅。可以说，即便退役之后，他自己的事业也是风生水起。

除了经商之外，约翰逊把所有的时间都投入篮球和公益活动之中，他曾经担当一家电视台的NBA嘉宾主持，常常参加以篮球为主题的公益活动。虽然直到今天他也没摆脱艾滋病的困扰，但是他却乐观地说："我从来没有把自己当病人，我感觉好极了。我庆幸自己还活着，尽管遇到了人生太多的不如意，但是我活着，我要告诉那些患有艾滋病的人，要自强不息，要积极面对每一天。"

疾病和灾难的发生都是没办法预料的，这些来自人生旅途上的不速之伴，常常会让我们对生活失去信心。但是，心态乐观的约翰逊坚持了下来。尽管人生给了我们太多的麻烦，我们也要笑着接纳，感恩生活，这样我们的生活才会变得越来越如意。

一位太太身患风湿病，每到刮风下雨就疼痛难忍，后来老伴得了脑溢血，卧床不起，吃喝拉撒全靠她照顾。再后来孩子们也下岗了，因为嫌家里穷，儿媳妇也跑掉了，儿子伤心欲绝之下做事精神恍惚，有一天在横穿马路时被车撞死。这一系列的事情，好像天灾人祸都认得她家里的路，然后一股脑儿砸下来。

这种令人绝望的日子落到任何人头上都难以接受，但令人惊奇的是，她竟然挺了过来。在人们纷纷佩服她超强毅力的时候，她只说了这样的话："凡事看得破才有得过，我只是比别人看得开一些而已，要不然一天也活不下去了。"

人生不如意何止十之八九？当一个人倒霉的时候，喝凉水都会塞牙。然而，对这一切上天赐予的灾难，我们又怎么应对呢？心态，好的心态，简单地说，就是看得开，这是一种乐观的生活态度。大仲马曾说："人生由一串串烦恼的念珠组成，乐观的人是笑着数完它的。"人生充满着各种不如意的事情，挫折与困难随处可见，是积极地应对还是消极承受，完全

取决于你的心态。

我们应该记住，那些不如意之事是人生的一部分。在生活中，我们每个人都会面临各种各样的烦恼：工作上杂乱的琐事，身体上偶然出现的疾病，感情上的磕磕碰碰，等等。面对这些不如意的事情，我们总是惊慌失措，想逃避，想躲到没人的地方偷偷疗伤。然而，烦恼却是如影相随，让人无法彻底甩掉。生活的不如意一个接着一个，当你按下了葫芦，却浮起了瓢。烦恼与快乐本是孪生姐妹，只不过当快乐到来时，我们不会厌恶而已。但是，假如遇到不如意之事，我们也能像约翰逊一样看开，让所有的烦恼都成为自己人生韵律的一部分，以豁达、从容的心态对待，那事事皆会如意。

为了生存，为了活得更好，面对人生不如意之事，我们要看得开。看得开是对人生中所遇的灾难与伤害作最大限度的避让，是一种心理承受力的体现。然而，看得开并不是消极地回避：人活一世，草木一秋，生不带来，死不带去，及时行乐，这是随波逐流；是非成败转头空，纵使大富大贵也难免一死，成功与平庸到头来都是一样，这是不思进取；自己反正是不成材的料，再努力也是为他人作嫁衣，这是破罐子破摔。真正的看得开，是善良的本性、博大的胸怀、开阔的视野、沉着应对的能力。人生需要看得开，这样我们才能使艰辛的路上有一缕温馨的阳光，才能使艰苦的人生旅途充满快乐的向往。

别让失意的情绪蒙蔽你的双眼

吕坤在《呻吟语》中这样写道：“在遭遇困难的时候，内心却居于安乐；在地位贫贱的时候，内心却居于高贵；在受冤屈而不得伸的时候，内心却居于广大宽敞，就会无往而不泰然处之。把康庄大道视为山谷深渊，把强壮健康视为疾病缠身，把平安无事视为不测之祸，那么你在哪里都不会不安稳。”人生中的失意只是暂时的，这是上天为了给我们更多考验的机会，只要熬过失意的痛苦与疲惫，我们就可以重新扬起生活的风帆。在生活中，一些人一旦遇到了什么不如意的事情，就觉得自己倒霉了，走到人生的绝路了，他们开始自暴自弃，甘愿被失败打败，最终他们彻头彻尾成为了一个失败者。其实，这些人是被失意的情绪蒙蔽了自己的眼睛，他们浑然忘记了明天的太阳还会升起，他们终日沉浸在失意的痛苦中，最后也被这痛苦所吞噬。

王太太是一位视丈夫为自己生存意义的人，不过在她大儿子上小学三年级，小儿子上小学一年级的时候，灾难突然降临到她家里：丈夫因交通事故死亡，而且还被法庭判成了施害者，为此，她只得卖掉房子和土地来赔偿。

最后王太太带着两个孩子背井离乡，到处流浪，好不容易得到一家人的同情，把一个仓库的一个小角落租借给她们母子三人居住。在不大的空间里，王太太铺是一张席子，拉了一个没有灯罩的灯泡，一个炭炉，一个吃饭兼孩子学习两用的小木箱，还有几床破被褥和一些旧衣服，那是他们全部的家当。

为了维持生计，王太太每天早上很早就离开家，先后去几处打零工，回到家里已经半夜了。于是家务的担子就落在了大儿子身上，生活非常艰苦，王太太哪能忍心让孩子这样艰难地熬下去呢？她想到了死，想把两个孤独无依的孩子也带走。

有一天，王太太泡了一锅豆子，早上出门前，她写给大儿子一张纸条："锅里泡着豆子，把它煮一下，晚上当菜吃，豆子烂了时少放点酱油。"

这天王太太干了一天的活，实在累了，失去了活下去的勇气，她偷偷买了一包安眠药带回家，打算当天晚上和孩子们一起去死。回到家，她打开房门，见两个孩子已经睡了，在枕边放着一张纸条："妈妈，我照您的话去做，认真地煮了豆子。不过，晚上盛出来给弟弟当菜吃的时候，弟弟说太咸了，没法吃，他只吃了点冷水泡饭就睡觉了。妈妈，实在对不起。不过，请妈妈相信我，我确实是认真煮豆子的。妈妈求求您，尝一颗我煮的豆子吧。妈妈，明天早上不论您起得多早，都要在您临走前叫醒我，再教我一次煮豆子的方法。妈妈，您今天一定很累吧，我心里明白，妈妈是

在为我们操劳。妈妈，谢谢您，不过请妈妈一定要注意自己的身体，我们先睡了，晚安！”泪水从王太太的眼里夺眶而出，她看着熟睡的孩子，毅然放下了死的念头，因为她还有许多的东西支撑自己活下去。

失意时人们总想着放弃，他们被一时的痛苦所蒙蔽，浑然看不见人生中如花般的美好。王太太所遭受的打击是致命的，一个弱女子，还带着两个需要照顾的孩子，如何活下去？失意的她看不到希望，也等不到谁来帮助自己，唯有靠自己。假使心态稍有偏差，她就会选择结束自己的生命。然而，是孩子那几句乖巧而懂事的话，让她看到了活下去的希望：孩子这么小，都在坚强地伴我生活，我呢？当然是更应该承担起做妈妈的责任，积极向上，努力活着。

失意的情绪是折磨人的：低落、痛苦、沮丧。稍有不慎，我们就会被这样的情绪牵着鼻子走，在失意的情绪中自暴自弃，绝望地把自己的生命往悬崖上推，最后毁灭自己。当我们遭遇失败，产生失意的情绪是难以避免的，但是，假如我们只是沉浸其中，甚至被其蒙蔽了双眼，那失意就会如影伴随。假如我们换个角度，或者看看周围，努力摆脱这种负面情绪的困扰，那我们最终会成为一个得意者。

活在世界上的每个人，都会经历不同程度的困境。困境是生命过程中的一部分，因困境产生的失意情绪也是不可避免的，在失意中沉沦还是在失意中崛起，全在我们自己是否心中时刻充满着希望。所以，当困难与挫折来临的时候，应平静面对，不要被失意的情绪蒙蔽了双眼，积极乐观地去处理，只要我们心中怀着希望，那就有了战胜困难的勇气。

悬崖深谷处，撒手得重生

在生活中，总是有着这样那样的诱惑，它们引诱着你，撕破你心中最后一道防线，让你痴迷其中，不可自拔。有人为功名利禄穷其一生，有人为荣华富贵而吞噬了良心，有人为追求个人幸福而变得自私恶毒。那些致命的诱惑就像是一杯毒酒，小口小口地啜饮，深入骨髓，在痛苦中逐渐丢失了自己。那就如同一条错误的道路，越滑越远，直至悬崖深谷处。这时候依然有人不知悔悟，始终怀抱着自己手中的权利、金钱、物质、名誉等。实际上，这时候如果撒手，完全可以重生，可以让我们避免失去更多的东西。

但是，在现实生活中，许多人贪恋着金钱带来的虚荣，权力带来的刺激，他们沉浸在欢淫中，踏上了一条不归路。于是，有人为此出卖了良心，有人丢掉了自尊，甚至有人付出了生命的代价。这样的一群人，即便是到了悬崖边，他们也舍不得撒手将手里的东西丢弃，最终他们所收获的将是最痛苦的人生。

河北省国税局原局长李真，被判处死刑前，有记者对他进行专访。

当记者问及关于精神支柱彻底坍塌后成了什么样子时，李真说："我进来之前，也就是风闻上面要查我时，就想把一个箱子里的钱转移到香港，但一看箱子里的钱不满，我就通过朋友通知一个工程承包商说，'让他先送来50万元人民币，等工程合同签完后，再从里面扣，否则我就要把工程承包给别人。'那个老板把钱送来后，填满了这个箱子，我就把多余的钱放在了另一个箱子里。"当记者追问："要是不进来，会不会再把那个箱子的钱弄满？"李真说："也许会的，人的欲望就是这样无度。"

他告诉大家一个道理：权力与金钱相结合，会孵化出许多害人的毒蛇。权力能获得金钱，金钱能买来纸醉金迷，却买不来尊严和自由。贪婪地追求金钱，不择手段去获取，无异于一砖一砖地给自己建造监狱。

这就是人的欲望，看不开的对物质、金钱超强的占有欲望，明知道自己在劫难逃，也要贪最后一把，结果呢？是无止境的欲望吞噬了自己。濒临悬崖，他是否想过会撒手？当然没有，正如记者问他"要是不进来，会不会再把那个箱子的钱弄满？"他的回答是肯定的。其实，站在悬崖深谷边，假如有一念的想放手，他依然有改过自新的机会，遗憾的是，他从来没想过撒手，因为看不开，在他眼里，金钱就是绝对的至高无上。因为贪得无厌，最终把自己送进了亲手建造的监狱里。

据说，在草原上，有一种动物叫做秃鹫，它是一种大鸟，驰骋于蓝天与白云之间，肆意展现着自己的勇猛和威武。但是，却有不少人让它成为自己手中的玩物，从天上到地上，无奈地等待死去，这是一个怎么样的过程。有人把装有沙子的动物的肠子丢在野外让秃鹫去叼，然后在后面追赶秃鹫，因为秃鹫不愿意放弃肠子，只能拖着装有沙子的肠子在草地上跑，这样，人就很容器捉住了秃鹫。也许，你会觉得好笑，秃鹫完全可以弃食而逃，为何偏偏陷入了人类的陷阱呢，但是，你发现没有，有时候，我们也成了那只秃鹫，坚持不放弃手中的东西，最终坠入深谷。

古时候，有一个聪明的年轻人，很想在所有方面都比他身边的人强，他特别想成为一个大学问家。

几年过去了，这个年轻人的很多方面都超出了身边的人，唯独学业却没有长进，远不如人。为此，他很苦恼，就去向一个大师求教。大师说：“我们登山吧，到山顶你就知道该如何做了。”

在通往山顶的路上有很多可爱的小石头，人见人爱。年轻人每见到自己喜欢的石头，大师就让他装进袋子里。很快，石头装满了所有的袋子，年轻人受不了，他说：“背着这些石头上山，别说到山顶了，恐怕连半山腰也到不了。”

大师微微一笑，说：“是呀，那该怎么办呢？”年轻人疑惑地看着大师，这时大师说：“该撒手就撒手吧，背着很多石头怎么能登山呢？”年轻人一听，忽觉心中一亮，扔掉了所有石头，向大师道谢之后就走了。之后，他一心做学问，进步飞快。

假如所负重的东西已经超越了承受范围，那不妨撒手吧，这样还可以给自己一个重新开始的机会。不管是欲望还是其他的东西，我们都要学会舍弃一些应该舍弃的东西，该撒手时就撒手，这样我们的人生才有另一种可能。

人生逆境要看得开

人的一生并不是一帆风顺的，会遇到许多挫折、磨难，在逆境中学会看得开、看得远，人一生才走得远，走得平稳。

人生道路上，风和日丽的日子会有，风风雨雨的日子同样也会有。而有些人在遭遇挫折和逆境的时候，总是怨天尤人，一蹶不振，给自己的心灵蒙上一道阴影，看不见阳光；只有凡事看开一点，在逆境中常常给自己的心灵除尘，才能以坦然的心面对逆境，这样即使在逆境中的你也能生活得轻松、快乐。

普劳图斯说："泰然自若是应付逆境的最好办法。"面对逆境，我们要看得开。其实，生活依旧美好，只是你没发现。

有个残疾人来到天堂找到上帝，一见到上帝，他便抱怨上帝为什么没给他一副健全的体格，没有正常人活动的轻松自如，而上帝只是笑了笑，什么也没说，就带他去看了一位朋友，而这个朋友刚去世不久，才升入天堂，他感慨地对这个残疾人说："看开点吧，朋友，至少你还活着。"

后来，一个官场失意被排挤下来的人找到上帝，抱怨上帝为什么没给他高官厚禄，没能让他在官场步步高升，而这时上帝就把那位残疾人介绍给他认识，残疾人对他说："看开点点吧，朋友，至少你的身体还是健全的。"

再后来，一个年轻人找到上帝，抱怨上帝没让自己受到人们的重视和尊重，离成功的路还很远，上帝把那位官场失意的人介绍给他，那人于是便对年轻人说："看开点吧，至少你还年轻，前面的路还很长。"

逆境，并不代表你失去了全世界，你应该想到，你拥有的还有很多，你还有快乐的资本，奋斗的决心，无坚不摧的意志。

人的一生并不是一帆风顺的，会遇到许多挫折、磨难，在逆境中学会看得开、看得远，人一生才走得远，走得平稳。在逆境中是否看得开，会有不同的人生结果。看不开的人只能在逆境中沉沦，心灵也得不到释放和解脱。看得开、放得下的人才能以一副好心态走出逆境，赢取成功。

被称为“东方鸿儒”的季羡林在回忆自己的童年时说：“眼前没有红，没有绿，是一片灰黄。当自己长到四五岁的时候，对门的宁大婶和宁大姑，每到夏秋收割庄稼的时候，总带我去很远的地方，到别人割过庄稼的地里去拾麦子或者豆子、谷子。一天辛勤之余，可以拣到一小篮麦穗或者谷穗。有一年夏天，大概我拾的麦穗比较多，母亲把麦粒磨成粉，做了一锅面饼子，我大概吃出味道来，吃完了饭以后，我又偷吃了一块，让母亲看见了，她赶着要打我。我当时赤条条浑身一丝不挂，就逃到房后，往水坑里一跳，母亲没有办法来捉我，我就在水中把白面饼吃光。”他又说，“现在写这些还有什么意思！但它使我终身受用。有时能激励我前进，有时能鼓舞我振作。”

这不仅是他童年的心态，也是他在人生困境中的心态，一块面饼子的快乐让一个农村孩子成为文学领域的领军人物，这就是一份看得开的心境。

每个渴望成功的人都会经历常人无法经历的困难和逆境，而在逆境中放下心灵的包袱，一直伴着他们前进。

施利华，是商界上拥有亿万资产的风云领头人物。1997年的一次金融危机使他破产了，面对失败，他只说了一句：“好哇！又可以从头再来了！”他从容地走进街头小贩的行列叫卖三明治。几年后，施利华靠三明治实现了东山再起的梦想。

很多人在听到自己破产的那一刻，一定是伤心欲绝，可是，施利华积极面对，他给自己鼓起从头再来的勇气和希望。其实所有一切都可以重新再来，不过前提是先让自己放下心灵的负担，微笑面对，看开逆境，才会有希望，才可以再继续努力的奋斗，才会在黑路上有一盏指引我们前进的明灯。

路德维希·凡·贝多芬，德国伟大的音乐家之一。他出身于德国波恩的平民家庭，虽遭到诸多不幸与痛苦，可是他有不屈不挠的精神，以及积极向上的进取心。他从小学习音乐，早年曾向海顿与阿布雷治克学习理论作曲，奠定了作曲技巧的深厚基础，终成一代巨匠。

26岁时，他开始耳聋，晚年全聋，只能通过谈话册与人交谈。但孤寂的生活并没有使他沉默和隐退，在一切进步思想都遭禁止的封建复辟年代里，依然坚守“自由、平等”的政治信念，对世界音乐的发展有着举足轻重的作用，被尊称为“乐圣”。他没有因为耳朵聋了，而放弃音乐，没有因为自己是贫民出身而就什么都不敢尝试，他很乐观，他用微笑把一切阻挡他的挫折都给打退了。

贝多芬一生与苦难命运搏斗，永不低头，在逆境中乐观向上，在作品中也融入不少前人不曾想象的深刻感情，处处充满了自信。他的这种精神伴他走向了音乐界的圣殿。

人生就像一次旅行，途中必然会有平坦好走的路，也有荆棘密布的丛林。而丛林就好比人生中的逆境，真正懂得旅行乐趣的人认为旅行的乐趣在于克服那些途中的困难，在于到达别人所不易到达的地方，在于发现新的佳境。

那么对于人生中的逆境，你还有什么放不开的呢？给自己的心灵松绑，体验生活中的真谛。几乎可以说，逆境常有，人间的苦苦乐乐，我们都该把它看做理所当然。在逆境中我们要看得开，让自己的心灵经常放放风，把心态放轻松一些。多往开处想想，没有必要与自己过不去。放下是给自己的心灵松绑，放下才能不会为逆境所累。

看淡得失，也就远离了痛苦

人，因无而有，因有而失，因失而痛，因痛而苦。人总是从无到有就快乐，从有到无就痛苦。其实，“有”有何欢？一切拥有的都以失去为代价；“无”有何苦？人生本来就是一场空。有无之间的更替便是人生，得失之后的心态决定苦乐，看淡了得失，也就远离了痛苦，才能品尝生活的幸福。看淡了，在得意的时候，你不会浮躁、膨胀；即便是在你失意的时候，也不会觉得悲愤、绝望。人生本来就不是一杯白开水，它有着酸甜苦辣，有着喜怒哀乐，只要你有一份平淡、从容的心境，去面对、去迎接，

那就是一种超然的人生态度，是一种超脱的精神境界。

大学毕业后，他放弃了父母托关系为他找的铁饭碗工作，只身带着单薄的行李南下，来到了沿海地区。刚开始的时候，因为自己要求太高，他处处碰壁，找不到工作，生活费也所剩无几了。后来，他放低了自己的要求，委身在一家IT企业做一个普通的文员，一个月拿着微薄的薪水，勉强能够养活自己。朋友打电话会为他惋惜："这么优秀的人才，甘愿做一个文员，这简直是大材小用。"他笑了，没做任何回答。

每天做很简单、枯燥的工作，他都能从中得出自己的快乐，而且他好学，遇到什么不懂的问题都会向同事请教。时间长了，老板欣赏他的踏实与认真，晋升他为秘书。之后，不断地升职，他已经在企业有了响当当的名字，这时候，他毅然放弃了高薪职位，拿着多年的积蓄，开了一家小公司。同事都觉得他很愚笨，只有老板对着他远去的背影，竖起了大拇指。小公司在他的努力经营下，一天天成长，他成了远近闻名的大老板。每次回家探亲，亲戚都忍不住大加称赞，他只不过笑着说："我只是做小本生意，没有你们想象的那么优秀。"说完，他就走开了。

那年，金融海啸，他的公司也不幸遭遇了，得知消息的时候，他还在家里，父母担心地看着他。他很安静，反而安慰父母："没事，当年我也是一无所有，现在不过是时间的问题而已。"他赶到了公司，把剩下的资金散发给员工，解散了公司，幸好因为经营有方，即便出现了这样的灾难，但公司居然不用举借外债。他带着行囊回到了父母身边，和父母一起开了家小饭馆，偶尔打打小牌，种点花草，养点小动物，日子很惬意，一点都看不出他曾经风光的痕迹。

面对人生中的每一次失败，他并没有气馁；面对事业上的成功，他也并没有癫狂。自始至终，他都是以平常的心态来对待，生活的大起大落在他身上没有留下一丝痕迹，有的是那份更加从容的心情。他的一生，真真正正地做到了乐天知命，荣辱不惊。

《周易·系辞上》："乐天知命，故不忧。"当你怀着乐观、积极的心态，秉承着"知己为天所命，非虚生也"的信念，用豁达的心胸来面对人生中的每一次际遇，你就会发现人生并没有那么可怕，也没有什么过不去的坎，也没有什么放不下的。在人生的旅途中，做好自己，认真对待每一天，即使错了也不要去追悔。我们每一个人都是普普通通的，并不是圣人，无论你愿不愿意，时光都会悄悄地带走一切，而你始终要前行。虽然身心疲惫，即使步履匆匆，也要乐观地向前看，虽然并不知道前面是不是自己的理想之地，但你却可以对自己说“无怨无悔”。人生路上，不要有太多的患得患失，也不要太计较自己的得与失，以一份平静的心情来迎接人生中的每一次挑战，这好像是生命的无奈，却更是生命最绚丽的精彩。

人生道路上有鲜花有掌声，有多少人能等闲视之；人生路上也有坎坷泥泞、有满地荆棘，又有多少人能以平常心视之。我们要学会坦然相对，拿得起、放得下，既来之、则安之，这是一种超脱的心境。“荣辱不惊，闲看庭前花开花落；去留无意，漫随天外云卷云舒。”看淡了，痛苦就远离了，快乐就回来了。

别抱怨，人生谁不曾有困难

生活中我们看见很多人都在抱怨，抱怨命运的不公，抱怨出身的寒微，抱怨人际关系难处，抱怨自己赚钱少……如果什么不如意的事情都抱怨的话，那我们会整日活在一片怨声之中。爱抱怨是影响人生的通病之一，它更是一种坏情绪，习惯性的抱怨而不谋求改变，这不是聪明人的做法。人活于世，挫折失败不可避免，抱怨只会磨灭你的斗志，让你在困难面前驻足。所以，我们要放下抱怨，积极地直面人生，迎接挑战和困难，这样人生才会绚丽多彩。

一个背负着货物到远方去交易的人只有当他赚了大把大把的钱回来的时候，人们才会羡慕他的成功；而当他人在旅途，负重而行，艰难跋涉甚至苦难重重的时候，抱怨有什么用？因为抱怨除了招来别人的轻蔑，并不能招来人们对你的尊重。

春秋战国时期的苏秦，满怀梦想和一腔热血，初次游说天下，希望实

现自己的雄心壮志，虽历经数年，却以无情的失败而宣告结束。当他回到家中，得到的却不是安慰，而是兄嫂、弟妹、甚至是妻子的嘲讽。然而，他并没有抱怨着一切，而是头悬梁、锥刺骨的日夜苦读，穷思，心中终有所悟。再次游说天下，出合众之策以抗强秦，终挂六国相印，位尊王侯，富甲天下，甚至亲人见了也情不自禁地顶礼膜拜……

人生谁不曾有困难，谁在人生路上一帆风顺，抱怨有什么用？困难带给你的不仅是逆境，它还是锻炼你意志的机会。

你有勇气迎接1849次拒绝吗？你经历过1849次拒绝吗？如果没有，就不要说：好运为何不在我身上降落！

在美国，一位穷困潦倒的年轻人，即使在身上全部的钱加起来也不够买一件像样的西服的时候，仍全心全意地坚持着心中的梦想。他想做演员，拍电影，当明星。当时，好莱坞有500家电影公司，他根据自己的路线与排列好的名单顺序，带着自己写好的、量身订做的剧本前去拜访。但第一遍下来，所有的500家电影公司没有一家愿意聘用他。

面对百分之百的拒绝，这位年轻人没有灰心，没有抱怨。从最后一家被拒绝的电影公司出去之后，他又回去依次从第一家开始，继续他的第二轮拜访。在第二轮的拜访中，他仍遭到了500次的拒绝。第三轮的拜访结束仍与第二次相同。这位年轻人咬牙开始他的第四次行动。当他拜访完第349家后，第350家电影公司的老板破天荒地答应他留下剧本先看一看。几天后，年轻人获得通知，请他前去详细商谈。在这次商谈中，这家公司决定投资开拍这部电影，并请这位年轻人担任男主角。这部电影名叫《洛奇》。这位年轻人叫席维斯·史泰龙。翻开任何一部电影史，这部叫《洛奇》的电影与这个日后红遍全世界的巨星都榜上有名。

“结局好一切都好！”这是西班牙作者葛拉西安在他的《智慧书》中，给我们留下的一句耐人寻味的话。史泰龙的成功告诉我们，人生的路途谁也无法预料，当我们怀揣梦想生活的时候，困难会像冰雹一样砸向我们，我们不能避免困难，可是我们能有一颗安然的心，别去抱怨，你可以做的不是激起顽强的斗志。当战胜困难，站在成功的舞台上的时候，我们会有种酣畅淋漓的快乐。

生命之所以伟大，就在于对命运的不断挑战，“不抱怨”是一把钥匙，在人生迷茫的时候，借助这把钥匙，我们能把它延伸到奋斗中的方方面面，唤醒我们对命运的改变。

1832年的美国，有一个人和大家一块儿失业了。他很伤心，但他下决心改行从政。他参加州议员竞选，结果竞选失败了。他着手开办自己的企业，可是，不到一年，这家企业倒闭了。此后几年里，他不得不为偿还债务而到处奔波。

他再次参加竞选州议员，这一次他当选了，他内心升起一丝希望，认定生活有了转机。1851年，他与一位美丽的姑娘订婚。没料到，离结婚日期还有几个月的时候，未婚妻不幸去世，他心灰意冷，数月卧床不起。第二年，他决定竞选美国国会议员，结果仍然名落孙山。但他没有放弃，而是问自己：“失败了，接下去该怎么做才能获得成功?”1856年，他再度竞选国会议员，他认为自己争取作为国会议员的表现是出色的，相信选民会选举他，但还是落选了。为了挣回竞选中花销的一大笔钱，他向州政府申请担任本州的土地官员。州政府退回了他的申请报告，上面的批文是：“本州的土地官员要求具有卓越的才能，超常的智慧。接二连三的失败并未使他气馁。过了两年，他再次竞选美国参议员，仍然失败。

在他一生经历的十一次重大事件中，只成功了两次，其他都是以失败告终，可他始终没有停止追求。1860年，他终于当选为美国总统。他就是至今仍让美国人深深怀念的亚伯拉罕·林肯。

一味抱怨不能解决问题，只会让你在困难中丧失斗志。而林肯对于一次次的失败，他一次次地重新站起来，没有一丝对命运的抱怨，没有一丝想要放弃的意念，最终他获得了渴望的成功。

另外，不抱怨还能让我们在困难和逆境中保持一份良好的心情，感受别样的快乐。一个人的快乐，不是因为他拥有得多，而是因为他计较得少。其实，我们大可不必抱怨。打开你的眼界，放开你的心灵，放下抱怨这种坏情绪，坏心情就会离你远去。

别老把悲伤的事放在心上

生活像一只装满水的瓶子，而心情就是杯中的水，随便晃动都可以溢出来。当你悲伤的时候，这些水就会带着苦涩的味道从你的泪腺涌出，而你则像只气球，好不容易一点一点积蓄的快乐，总会因为一件悲伤的事被轻易戳破，努力找寻来的快乐，也因为悲伤而赶走。所以，我们要放下悲伤这种情绪，别老把悲伤的事情放在心上！

人生难免经历挫折和悲伤，再痛再苦不要放在心上，因为风雨过后才会有彩虹和阳光。悲伤常有，可是不要老把它放在心上，时间长了，这种低落的情绪会影响到你的生活，更严重的会在心底留下阴影，造成心理疾病。

放下悲伤的事，才能真正活得轻松，走出悲伤的阴影，才能重见美好生活的光明。

“执子之手，与子偕老。”这是一种令人羡慕的婚姻状态，可以伴着对方走过风风雨雨，走过夕阳红，更多时候维系感情的已经是亲情。有很多这样老夫妻，其中一方逝世之后，另一位不久便因为悲伤，郁郁而殁。感情的真挚的确伟大，可是我们能从中看见悲伤的弊端。

其实，这些老人不应该让自己沉浸在失去老伴的悲伤中，可能你会孤独，但你可以战胜孤独。可能你会伤心，想随之而去，可是身在天堂的老伴希望的并不是这样，而是希望你好好生活下去，不要过于悲伤。

母亲亡故后，孩子们都担心他们的父亲熬不过一年半载的，毕竟他是86岁的人了，他会因为悲伤和孤独，还有疾病，郁郁而殁。

但是为了战胜悲伤，老人家把老伴的像摆在床头，像生前一样朝夕相处。天亮了，老人家睁开眼睛，第一束阳光就投到老伴的遗像上。他唤着妻子的小名，喃喃道：“春，我醒了，睡了一个好觉，看来今天又能对付过去了。你在那边还好么？”

晚上就寝前，他又说：“春，我要睡觉了，一定会在梦中见到你呢。”

他家住在学校教授楼五楼，老人家常常站在四楼半的楼道口，俯瞰着楼下来来往往的人们。在这所大学里，他工作生活了半个世纪。每当他瞅见一个似曾相识的身影，就："喂，喂"地挥手大喊。他耳背，喊声就大，常引得人们驻足仰视。

一天，一阵喊叫之后，一位中年妇女匆匆跑上楼来，喘息着问："您叫我？您认得我？我怎么不……"

老人家煞有介事地说："当然认得的，就是一下子叫不出名字来。"

那女人说："您怎么认得我？我住在西区，很少到东区来……"

"对，你住西区……西区18栋，对不对？"

"不对，是12栋。"

他拍拍脑门："你瞧我这记性，真是老了哟。"又孩子似的赔笑着，"对不起，耽误你了。"

女人笑了笑："没事，没事。"招招手，走了。

老人家衰弱的生命活得激昂而执着，他向孩子们透露了一个秘密。

老人家说，妻子在弥留之际，嘴唇翕动，却发不出声来。她抖抖索索在老人家的手心画了个"活"字。

老人明白了，混浊的老泪滴落在妻子的手背上，他攥紧妻子的手，大声地说："你放心，我会好好活下去的。"这句话，当时老人家说了三遍，于是，老伴含笑去了。

"于是我顽强地活着，为自己，也为了她的嘱托。无论我活多久，她也会在奈何桥上耐心等我的……不见不散吧。"老人这样叮咛着。

人固有一死，留下的人一味的悲伤只会让自己处于孤独中。暂时的悲伤情绪可以发泄失去的痛，可是长久的悲伤会给自己的思想蒙上一道阴影。这个老人为了老伴的嘱托，好好活，他让自己努力放下悲伤，即使年迈，可是活得很顽强。

2008年的"5.12"大地震造成的惨状还在人们脑海里回荡，无数生命结束在这场罕见的大地震中。很多四川人的心里永远忘不了这段痛苦的记忆，可是他们很坚强，放下了悲伤，勇敢面对，积极投入救灾工作中。被誉为"最坚强的警花"的蒋敏就是这样一个坚强的四川人。

蒋敏，羌族人，出生于美丽的北川小坝乡。汶川特大地震摧毁北川县城，蒋敏有10位亲人遇难，包括她2岁的女儿。但这位彭州市公安局女民警强忍悲痛，坚持战斗在抗震救灾第一线，默默地搭建帐篷，呵护受灾的老人，抚慰懵懂睡眠的婴儿……她说："我回去了，我的活就没有人干了。"蒋敏朴实却绝对震撼心灵的简单回答感动了亿万同胞。5月22日，蒋敏被授予"全国公安系统一级英雄模范"荣誉称号。

在2009年春晚的节目现场连线时，她说："这个新年对我来说，意义很特别。因为能够上春晚，我可以把祝福送给更多的人！2008年终于过去了，悲伤都过去了，我们要微笑地面对生活。希望大家牛年行大运，都顺顺当当的，每个人都心想事成！"

面对失去家园的失去，她是那么倘然："只要人在，一双手在，啥子都会好起来！"

正因为有和蒋敏一样坚强的中国人，灾难面前放下悲伤，积极面对，灾害也并不能将中国人打倒。

痛苦是暂时的，过去的就让它过去吧，不要让悲伤长时间的围绕我们。凡事有舍就有得 ，"放下"是一种人生的智慧，悲伤也是可以放下的，我们要学会及时清洗自己的心灵，不要让悲伤长时间的积压在自己的心底，不要让人生因为悲伤迷了路。其实除了悲伤，我们可以做得更多。放下悲伤，才能重新踏上人生征程！

第2章　何必较真，人生很长，计较很忙

玩过镜子的人大概都知道这样一个道理，虽然平时用的镜子很平，但若是在高度放大镜下，这块很平的镜子也会变成凹凸不平的“山峦”；生活中那些用肉眼看起来很干净的东西，当你放在显微镜下面的时候，所看到的却都是细菌。假如我们总是带着“放大镜”生活，那估计生活中较真的事儿就太多了。何必较真呢，因为人生很长，计较很忙。

太较真其实是在为难自己

在很多时候，过分较真其实是为难自己，这并不是一个好品质。它就像是一个魔咒，一点点地禁锢着我们的身心，似乎我们不朝着之前的方向继续下去就对不起良心。较真，本身并不是一个贬义词，但凡事都会有一定的限度，“较真”也是一样。若是不顾一切的执着，太较真则会不自觉地将自己的身心束缚，我们总是放不下，总是不愿意放弃，只是固执地朝着一个方向前进，不管前面是康光大道，还是死胡同，甚至，这样的坚持是无谓的。如果我们最终闯入的不过是死胡同，这样较真的后果也是可悲的。虽然，对生活较真是一种坚定的信念；对工作较真，是一种精神寄

托；对爱情较真，是一种人生的美丽。但若是应该放弃时不放手，就会使自己不堪负重而活得很累，甚至有可能走向另外一种悲惨的结局。

人生需要有信念，这样我们的生命才有前进的方向。但是，信念只有与自己合拍的时候，才能更好地发挥出引航员的作用。对此，在人生的路途中，我们要适时修葺自己的信念，让它与自己合拍，对于某些不切实际的想法，我们不应太较真，太执着，而是学会放弃，适时找到自己合适的人生信念，这样我们的生命才会更加绚丽灿烂。

王大爷年轻时是村里的干部，后来因为某些原因，他被迫离职了。离职的时候，他已经快50岁了，在那一瞬间，他觉得生活好像没有了希望，他一直不肯承认自己竟然变成了跟隔壁大婶一样的百姓，他觉得自己还是支部书记。当然，他将这种执着的心态放在心里，他经常会去政府部门与上级领导说话，说自己的苦闷，说自己的无所事事，说自己的孩子上学没学费，希望领导能给自己解决。领导无奈："你现在已经离职了，不是干部了，这些事情你自己能解决的就自己解决，自己不能解决的，就找你们村里的干部。"王大爷固执地说："我不相信他们，我只相信我自己当干部的能力。"王大爷每次都去政府闹，刚开始大家还看在他是老干部的份上跟他聊聊，但时间长了，大家都清楚了他的脾性，晓得他很较真，就能躲就躲，能避开就避开。

在平时生活中，王大爷总是对自己被迫离职的事情耿耿于怀，十分较真，他在家里动不动就说："如果我现在还是村里的干部，那村里现在肯定不是这样子。"家里人都开始厌烦他的唠叨了，老伴没好气地说："你在执着什么？你现在已经是平民百姓了，就应该是百姓的样子，有什么放不下的，有什么解不开的心结？简直是自己折磨自己。"其实，王大爷确实陷入了一个怪圈，他越是执着于自己被迫离职的事情，他就越是痛苦，想想之前的辉煌日子，想想现在平凡的自己，越想越不是滋味，整日无所事事，搞得自己身心疲惫。

王大爷所放不下的是内心的较真，而不是其他，因此他总是觉得过得很痛苦。如果他真的放下了较真的心理，以正常的心态回归到一个平民老头的身份，他会觉得生活依然充满着阳光。有些事情既然已经发生了，毫无回旋的余地了，那我们就要学会接受，而不是太过于执着，过分执着只会让自己更加疲惫，不如放松身心，给自己一个舒适的心灵环境。

一个人活着，要有信念，但不能过分执着，不能与生命较真，不妨学会顺其自然，对生命中的意外和阻挠不必过于强求，也许，这样方能阻止自己生命的脚步过快地到达终点。人的一生就好像花开花落，周而复始，没有什么花是永远不凋谢的，对待上天的安排，我们应该顺其自然，千万不能太过于执着。太较真是一种疼痛，一种心魔，它不断侵蚀我们内心简单的快乐，最后，我们只能满身疲惫地倒下。

如果我们希望与别人合作，自己已经明确地表达清楚了意图，但对方却毫无回应，在这样的情况下，与其继续留下来攻坚，把时间花在啃掉这块硬骨头上，不如转身离去，把精力用来寻找新的目标。每个人做事都有自己的理由，放弃攻坚是对别人的尊重，这是一种明智的选择。大量事实表明，第一次不能成功的事情，以后成功的几率也是很小的，纠缠下去只会惹人厌烦，这样并没有太大的意思，与其把80%的精力耗在20%的希望上，不如以20%的精力去寻找新的目标，说不定还有80%的希望。

人活着，何必那么较真

处于复杂的社会中，难免会有麻烦事来打扰你，令你伤神。那些善待自己的人，凡事用一颗宽广的心囊括，而不是斤斤计较，争个谁是谁非。

生活中的很多事都需要我们一笑了之。你完全没有必要与原本与你无仇无怨的人瞪着眼睛较劲。假如较起真来，事态严重了的话，万一酿出个什么严重后果来，那就太划不来了。很多事情之所以产生严重的后果，就是因为逞一时之勇，爱较真。触犯你的人不可能无缘无故触犯你，假如我们能设身处地的从别人的角度考虑问题，那么很多矛盾就会自解了。

老王总是抱怨他们家附近超市的售货员态度不好，像谁欠了她巨款似的。后来他的妻子打听到了女售货员的身世，她丈夫有外遇，和她离了

婚，老母瘫痪在床，上小学的女儿患哮喘病，女售货员每月只能开四五百元工资，一家人住在一间15平方米的平房里。难怪她一天到晚愁眉不展。老王从此再不计较她的态度了，甚至还建议大家街坊邻居都帮她一把，为她做些力所能及的事。后来这个售货员家的情况在街坊的帮忙下改善一些后，总是笑脸迎人。这就达到了“双赢”效果。

在公共场所遇到不顺心的事，实在不值得过度较真生气。假如你能放下这种较真的坏脾气，对方也会被你的气度折服。家庭生活中也是，只要你放下自己的坏情绪，凡事不太较真，细心听他（她）的唠叨，你会发现他（她）真的很辛苦。生活中的很多麻烦也就“化干戈为玉帛”了。有这样一个经典的吵架案例：

一对年轻夫妻中的太太哭着跟朋友说：“你快来！我恨他！我要和他离婚！”当她朋友快速赶到他们家,正吵得凶。

丈夫说：“她很无聊，我上班好累，她说晚上要去散步，我说改天，她就又哭又闹，真是讨厌！”

妻子说：“你才讨厌，我在家作牛作马为这个家打扫，为你做饭为你生孩子，只要求散个步你就会累死啦！？”

妻子说：“哼！早知道生了小孩你不管，我根本就不生，我们女人为何辛苦生下孩子，就一定要负责孩子的一切，又不能出去工作。”

丈夫说：“喂！生孩子又不是你一人能办到，没有我你生什么。”

妻子说：“哼！你有何贡献？”

丈夫说：“哼！没有我的贡献，你生什么？”

妻子说：“哈哈！你贡献了，好那看看我们女人的贡献：我怀孕要忍耐呕吐、我要小心饮食、我连生病都不敢吃药、我要为肚里孩子注意一切、我怀孕行动不便、我不再能远行郊游、我坐车都不方便、我要穿上大肚装、我要担心肚里孩子是否健康、我要定时去医院产检、我怀孕要破坏身材 、我要烦恼妊娠纹的出现 、生产后要努力恢复身材使丈夫不嫌弃 、我要忍受疼痛 、我要痛苦生产、我也许需要剖腹生产、我也许会有产后忧郁症、我要带初生婴儿。”

他沉默了。

妻子接着说："我要照顾小孩生活起居，我要比小孩晚睡而比小孩早起，我要半夜起床喂奶，我还是要忙一切家事，我要放弃事业，我伸手要钱要看丈夫脸色，丈夫出门享乐而我得在家带小孩，甚至走样的身材是丈夫外遇的借口，这种种一切就是我的贡献！"

这场架吵完了，想一想，好像事实真是如此。他什么都没说，只是将妻子抱了抱，对她说："对不起，我没有考虑到你的感受，我会加倍爱你。"

他是个大度的男人，听了妻子的话，他发现自己妻子真的很辛苦。而他以前忽略了这一点，所以，当妻子对他发了一连串的"攻击"以后，他没有较真，而是选择了沉默和一个歉意的拥抱。

面对生活中的令你不如意的事，多从另外一方的角度考虑问题，就能让自己心平气和地面对，就不会较真的把事情扩大化。因此，生活中要避免不良情绪的发展，遇到不好的事，要换个方法、变个方式思考，学会自我调控情绪，你将大有收获。

不较真、能容人的人，都是懂得放下的人。对某些问题太过执着，斤斤计较，受伤的只能是自己。

做人能从对方的角度设身处地地考虑和处理问题，多一些体谅和理解，那么我们的生活中就会多一些友谊，少一些敌人。你的人生之路也会越走越宽广！

放掉为了面子的固执

古代人常说"有辱斯文"，意指自己丢了面子，而现代人更是提出了"人活一张脸，树活一层皮"的惊人言论。古往今来，面子似乎成为了一种国民性的东西，其实，爱面子更是一种人的天性。每个人活在这个世界上，都渴望能够得到别人的尊重，都希望自己在别人面前能有面子。在生活中，许多人为了满足虚荣心，不惜一切代价要个面子，其实不知道这

就是给自己带上假面具，套上枷锁，活得很不真实，也让自己觉得累。面子固然重要，不过完全没必要为了没意义的面子让自己受苦遭罪，顺其自然才是最可贵的。对于我们而言，面子这个东西不能全丢，也不能看得太重，需要看什么样的事情来处理面子这个问题。什么面子都不顾，可能会众叛亲离。太在意自己的面子是一种较真，一种固执，人生在世，大不必为了面子让自己活得那么累，所以，请丢掉为了面子的固执吧。

惠心禅师做小沙弥时，皇帝赏赐不少，惠心托人送给母亲，以表孝心。不久，母亲写信来说："你给我的东西，是皇上的赏赐，我当然十分喜欢。但我当初送你学道为僧，是希望你做一个有修为的禅人，并不希望你一生都在名利场中生活。如果只好世间的虚荣，就是违背了我的心愿。希望你记住什么叫做'真参实学'。"

惠心沙弥收到这封信后，从此立志要做一个真正弘法度众的宗教家，效法《华严经》中的提示，但愿众生得离苦，不为自己求安乐。

面子是表面的，并没有什么实际的内容，死要面子就是虚荣心的表现。在对待面子的这个问题上，我们一定要学会放下，面子既不能不要，也不能死要面子，让自己活受罪。否则，自认为要了面子，而其实往往就是丢了面子，丢了面子还算是小事情，问题是让自己白白吃了哑巴亏就太不划算了。

王先生是一个注重面子的人，但聪明的他却懂得在必要时丢掉要面子的坚持与固执。

有天早上，他办公室的电话铃响了，一个人急躁不安地在电话里通知他，王先生给他的工厂运去的一车木材都不合格，他们已停止卸货，要求王先生立即把货从他们的货场运回去。原来在木材卸下四分之一时，他们的木材审察员报告说这批木材低于标准50%，鉴于这种情况，他们拒绝接受木材。王先生立刻动身向那家工厂赶去，一路上想着怎样才能最妥当地应付这种局面。通常，在这种情况下他一定会找来判别木材档次的标准规格据理力争，根据自己作了多年木材审察员的经验与知识，力图使对方相信这些木材达到了标准，错的是对方。然而，假如先撇开自己的面子问题，先认同对方的说法，把面子给对方，是不是会好说话一点呢？

王先生赶到场地，看见对方的采购员和审察员一副揶揄神态，摆开架势准备吵架。王先生陪他们一起走到卸了一部分的货车旁，询问他们是否可以继续卸货，这样王先生可以看一下情况到底怎样。王先生还让审察员像刚才那样把要退的木材堆在一边，把好的堆在另一边。

看了一会儿王先生就发现，对方审察得过分严格，判错了标准。因为这种木材是白松。而审察员对硬木很内行，却不懂白松木。白松木恰好是王先生的专长。不过王先生一点也没有表示反对他的木材分类方式。王先生一边观察，一边问几个问题。王先生提问时显得非常友好、合作，并告诉他说他们完全有权把不合格的木材挑出来。这样一来审察员变得热情起来，他们之间的紧张开始消除。渐渐地，审察员整个态度变了，他终于承认自己对白松毫无经验，开始对每一块木料重新审察并虚心征求王先生的看法。

虽然看上去王先生失去了面子，但却赚了一笔生意，这就是不较真、不固执的好处。俗话说："人争一口气，佛争一炷香。"在中国人的眼里，面子这个东西是非常重要的，它总是与一个人的人格、自尊、荣誉、威信、影响、体面等联系在一起。如果一个人的面子受到损害时，他就会下不来台，就会生气。因为爱面子，也怕丢面子，所以有些人总是千方百计地维护自己的面子，而正是在这一过程当中，他们失去了许多更加有价值的东西。

面子是表面的，是虚浮的，要面子就是虚荣心的表现，里子是深层的，是实实在在的。面子华而不实，里子却是表里如一。里子真实的人，虽然没有外表的美，却有内心美，最终会得到人们的理解和尊重，一个人假如没有灵魂，那么这个躯壳还有什么用。

不要让小事情成为人生的主旋律

戴尔·卡耐基曾说："许多人都有为小事斤斤计较的毛病。人活在

世上只有短短几十年，却浪费了很多时间，去愁一些一年内就会被忘掉的小事。”在现实生活中，人们经常会为一些小事而烦恼，但事实上，这些烦恼都是我们自找的。一个内心浮躁的人往往倾向于自寻烦恼，在很多时候，他们忘记了甜蜜的爱情，美好的生活，而紧紧抓住一些芝麻绿豆大小的事情而烦恼。切记，不要让小事情成为人生的主旋律。

虽然，烦恼是我们每个人都避免不了的，但如果我们总是自寻烦恼，就连小小的事情也不放过，那么，烦恼就会成为我们生活的一部分，你甩也甩不掉。许多人的烦恼都是自找的，本来没有烦恼的，或者说原本没有理由烦恼，但由于内心的浮躁，不自觉地就把一些小事当作烦恼的根源，最后，陷入痛苦的漩涡。对此，不要让小事情成为你人生的主旋律，因为生命太短暂了，千万不要为小事而烦恼。

罗勒·摩尔曾经历了这样一件事情，从这以后，他发誓再也不为小事而烦恼了。在他加入海军之前，他是一个银行的职员。曾经他为了多少小事而烦恼：比如工作时间长、薪水太少，没有多少机会升迁，为没有办法买自己的房子，没有钱买部新车。那时候，他记得自己每晚回家的时候，总是感到非常疲倦和难过，经常与妻子因为一点芝麻小事而吵架，他还为自己额头上的一块小伤疤而烦恼过。

在参加海军后，他与队员经常会驾着潜艇出海巡逻。有一次，他们的雷达发现了一支日本舰队向他们开来，于是，他们向其中的一艘驱逐舰发射了三枚鱼雷，但遗憾的是都没击中，正当他们准备攻击另一艘布雷舰的时候，它却突然掉头向潜艇开来。为了躲避攻击，他们潜到了150英尺（1英尺=0.3048米）深的地方，为了保持安静，他们关闭了所有的电扇、冷却系统和发动机器。

几分钟后，几枚炸弹在他们四周爆炸，而且，这样的攻击连续了15个小时。队友们躺在床上，保持镇定，其实，摩尔已经吓得不敢呼吸了，他想：“这次完蛋了。”由于关闭了电扇，潜艇内温度升到了40度，但摩尔却感觉全身发冷，穿上了毛衣依然全身发抖。在15个小时的攻击过程里，摩尔想到了很多事情，自己过去的一切都浮现在眼前，他想到了自己所干过的坏事，还有那些他曾烦恼的事情。

这么多年以来，摩尔始终觉得自己曾烦恼的事情都是大事，但自己感觉快死掉的时候，这些事情看起来是多么荒唐、渺小。摩尔意识到了自己的错误，他向自己发誓：如果还有机会见到太阳和星星的话，就永远不会再为小事而烦恼。

人们常常会为了很小的事情而烦恼，但是，一旦自己的性命受到了威胁，他会想到，自己曾经烦恼的那些事情根本就不值一提，只要活着才是最重要的。摩尔在过去的那么多年里，都没有明白的道理，却在一次意外事故中明白了。或许，对我们来说，付出如此的代价去明白一个道理实在有些冒险。那么，不妨放下自己心中的忧虑，别为小事而烦恼，不要让小事充斥我们的人生。

有一个人夜里做了个梦，在梦中，他看到一位头戴白帽。脚穿白鞋，腰佩黑剑的壮士，向他大声责备，并向他的脸上吐口水，吓得他从梦中惊醒过来。次日，他闷闷不乐地对朋友说："我自小到大从未受过别人的侮辱，但昨夜梦里却被人辱骂并吐了口水，我心有不甘，一定要找出这个人来，否则我将一死了之。"于是，他每天一早起来，便站在人潮熙攘的十字路口，寻找梦中的敌人。几星期过去了，他仍然找不到这个人。结果，他自刎而死。

生活中，我们不曾被大石头绊倒，却常常因为小石头而摔跤。我们经常会为没钱买房子，没钱买车，没钱给自己买好看的衣服，甚至会因为点点小事跟家人吵架。

卡耐基曾告诉人们一个心理法则："生命太短暂了，不要再为小事而烦恼了。对必然的事情的承受，就像杨柳承受风雨，水接受一切容器一样；当你开始为那些已经过去的事烦恼的时候，你应该想到这个谚语：不要为打翻了的牛奶而哭泣；当我们害怕被闪电击倒，怕所坐的火车翻车时，想一想发生的概率，会把我们笑死；要懂得闲暇时抓紧，繁忙时偷闲；如果我们以生活来支付烦恼的代价，支付太多的话，我们就是傻瓜。"这些法则可以令我们轻松地卸下心中的包袱，从而变得快乐起来。

人生处处有死角，要懂得转弯

在法国有一位名叫奥立昂的老人，他从20岁起就决心做一名画家，他一直勤奋地画呀画呀，几十年如一日，不过他的画却无人问津。终于，40年过去了，在他画了第9998张画以后，他卖出了平生第一张画。

看到这个故事，我们是应该欣赏他的执着，还是叹息他的较真和固执呢？花去人生那么多的时间，却在挖掘自己不擅长的一方面，最终的结果是可想而知的。人生就是一段旅途，当发现前方已经是一条死胡同，我们就要学会转弯。转弯并不是逃避，当你这件事情失败了，那可以改做别的，这并不是说这个人没有毅力。正所谓天生我材必有用，东方不亮西方亮。闯入死胡同并不可怕，可怕是你一直跟自己较真，转弯是为了寻找更好的道路以便前行，而并不是逃避。

张文举从小就有当作家的理想，为此，他十年如一日地努力着，坚持每天写作500字，一篇文章完成之后，他修改了又修改，然后满怀希望地寄往远方的报纸杂志。但是，多年的努力，他也从没有看到只言片语变成铅字，甚至连一封退稿信也没有收到过。29岁那年，他总算收到了第一封退稿信。那是一位他一直坚持投稿的刊物的总编寄来的，总编写道："看得出，你是一个很努力的青年，但我不得不遗憾地告诉你，你的知识面过于狭窄，生活经历也显得相对苍白，但我从你多年的来稿中发现，你的钢笔字越来越出色。"

现在，许多人知道张文举是有名的硬笔书法家。当记者们去采访他，提的最多的问题就是："您认为一个人走向成功，最重要的条件是什么？"张文举回答说："一个人是否成功，理想很重要，勇气很重要，毅力很重要，但更重要的是人生路上要懂得舍弃，更要懂得转弯！"

人生处处有死角，因此要懂得转弯。有的人太固执，太较真，他们是不见棺材不掉泪，不撞南墙不回头。在人生旅途中，这样的人总会多走一些弯路，最后也难以获得成功。为什么一定要看到悲惨的结局才放弃呢？在生活中，不要太较真，理智地放弃才是最聪明的做法，当我们发现前方已经无路可走，就要学会退却，选择另外一条路，不要等自己撞得头破血流才放弃，这是相当愚蠢的。

克里斯朵夫·李维以主演《超人》而蜚声国际影坛，但就在1995年5月，在一场激烈的马术比赛中，他意外坠马，成了一个高位截瘫者。当他从昏迷中苏醒过来时对大家说的第一句话就是：让我早日解脱吧。出院后，为了让他散散心，舒缓肉体和精神的伤痛，家人推着轮椅上的他外出旅行。

有一次，汽车正穿行在蜿蜒曲折的盘山公路上，克里斯朵夫·李维静静地望着窗外，他发现，每当车子即将行驶到无路的关头时，路边都会出现一块交通指示牌："前方转弯！"而转弯之后，前方照例又是柳暗花明，豁然开朗。山路弯弯，峰回路转，"前方转弯"几个大字一次次冲击着他的眼球，他恍然大悟：原来，不是路已到尽头，而是该转弯了。他冲着妻子大喊："我要回去，我还有路要走。"

从此，他以轮椅代步，当起了导演。他首次执导的影片就荣获了金球奖。他还用牙咬着笔，开始了艰难的写作。他的第一部书《依然是我》一问世，就进入了畅销书排行榜。同时，他创立了一所瘫痪病人教育资源中心，还四处奔走为残疾人的福利事业筹募善款。

美国《时代周刊》曾以《十年来，他依然是超人》为题报道了克里斯朵夫·李维的事迹。在文章中，李维回顾他的心路历程时说：原来，不幸降临时，并不是路已到尽头，而是在提醒你该转弯了。

如果克里斯朵夫·李维以"让我早日解脱"的信念生活，那估计他的余生会在抑郁中了结，这个世界上也就又缺少了一个好演员。当然，这只是如果，就好像克里斯朵夫·李维自己所说："原来，当不幸降临时，并不是路已到尽头，而是在提醒你该转弯了。"当前面已经是死胡同了，为什么不选择退一步，给自己找一个修葺的地方呢？当重新燃起了信念之火，那我们又可以开辟一条新的道路出来。

康多莉扎·赖斯，出生于1954年11月14日。小时候就有"神童"之誉的她，从小就跟着当小学音乐教师的母亲弹钢琴，4岁时就开了第一个独奏音乐会。她不但学习成绩极其出色，跳了两次级，而且还把网球和花样滑

冰玩得特别出色。16岁时，进入丹佛大学音乐学院学习钢琴，她梦想成为职业钢琴家。她在音乐方面独具的天赋和他人难以企及的家学，似乎没有人能够轻易地否认，大家都相信过不了几年她就会成为乐坛翘楚。

可是，出人意料的是，她打起了“退堂鼓”，开始了崭新梦想的破冰之旅。原来在著名的阿斯本音乐节上，她受到了打击。“我碰到了一些11岁的孩子们，他们只看一眼就能演奏那些我要练一年才能弹好的曲子。”她说，“我想我不可能有在卡内基大厅演奏的那一天了。”于是，她开始重新设计自己的未来并发现了新的目标——国际政治。“这一课程拨动了我的心弦，”她说，“这就像恋爱一样……我无法解释，但它的确吸引着我。”她从此转而学习政治学和俄语，并找到了她一生追求的事业。

赖斯并没有追随儿时的梦想成为一名钢琴家，而是在大家都看好的情况下选择了“退却”，并开始了崭新梦想的破冰之旅。她发现了自己再坚持下去，难以取得超越别人的成就，所以，她果断地选择了放弃，不再固执。在一阵休憩之后，她重新设计了自己的未来，果然，她似乎更适合于从政。如果不是当初她决然地舍弃，那么就不会成为现在这样出色的政治家了。

事实证明，善于放弃的人是聪明的，而懂得转弯，更是明智的，也是最有可能成功的人。

不要总是用“放大镜”看人

卡莱尔说：“一个伟大的人，以他对待小人物的方式，来表达他的伟大。”生活中，有的人总是用放大镜看人，这样的人往往容不得他人的过错或性格上的差异。但是，作为一个心态豁达的人，即便他所面对的是一个满身缺点的人，他也容得下，也会坦然相对。生活中，那些有着完美追求、容不下他人缺点的人其实是容易较真的人。他们中的大多数都是完美主义者，刚开始，他们只会苛责自己，不断严格要求，希望自己能变得完美。但渐渐地，他会把对自己的严格要求作为标准来要求那些身边的人，在他看来，哪怕是一点点缺点，他也会拿着放大镜去看。于是，他们就在苛责别人的过程中痛苦着，因为在这个世界上，并不存在绝对完美的人和事，维纳斯因为有了瑕疵，才变得如此美丽，而人也是一样的。人生在世，我们要明白，这个世界不完美，我们要学会容忍别人的缺点。

包布·胡佛是一位著名的试飞员，并且经常在航空展中表演飞行。有一天，他在圣地亚哥航空展中表演完毕后飞回洛杉矶。就好像《飞行》杂志中所描述的那样，在距离地面三百米的高度，两具引擎突然熄火，不过，胡佛能以熟练的技术，操纵着飞机着陆，但飞机严重损坏，庆幸的是没有人受伤。

在迫降之后，胡佛首先检查飞机的燃料。就像他预料中一样，他所驾驶的第二次世界大战时的螺旋桨飞机，竟然装的是喷气机燃料而不是汽油。回到机场以后，他要求见见为他保养飞机的机械师，那位年轻的机械师正在为自己所犯的错误难过。当胡佛走向他的时候，他正泪流满面。他损坏了一架非常昂贵的飞机，差一点还使得三个人失去了生命。

大家以为胡佛肯定会大为震怒，并且认为这位极有荣誉心、事事要求精确的飞行员必然会痛责机械师的疏忽。然而，胡佛并没有责骂那位机械师，甚至没有批评他。相反，他用手臂搂住那个机械师的肩膀，对他说："为了显示我相信你不会再犯错误，我要你明天再为我保养飞机。"

虽然，我们不能确认那位年轻的机械师有粗心大意的缺点，但在这次飞行中，他确实犯有过失。试想，如果胡佛是一个事事较真的人，估计那位年轻的机械师早就被骂得狗血淋头了，甚至会被辞退，从而断送自己的机械师生涯。幸运的是，胡佛虽然对事情要求很严格，但他并不是一个较真的人，他更懂得包容一个人的缺点。当他在包容那个年轻机械师的缺点的时候，会渐渐地让机械师改正缺点。

杰弗逊在就任总统前夕，到白宫去想告诉亚当斯，说自己希望针锋相对的竞选活动并没有破坏他们之间的友情。但杰弗逊还没来得及开口，愤怒的亚当斯就咆哮了起来："是你把我赶走的！"之后，这两个人中止交往达11年之久，直到后来杰弗逊的几个邻居去探访亚当斯，这个坚强的

老人仍在诉说那件难堪的往事，但接着便脱口而出："我一向都喜欢杰弗逊，现在仍然喜欢他。"邻居把这话传给了杰弗逊，杰弗逊便请了一位彼此都很熟悉的老朋友传话，让亚当斯也知道他的深重友情。

后来，亚当斯回了一封信给他，两人从此便开始了美国历史上或许是最伟大的书信往来。

在杰弗逊与亚当斯的这段友谊中，可以体现出双方都不是较真的人。虽然，亚当斯不太承认自己从总统的位置退下来了，但他从内心来说是欣赏杰弗逊的。而杰弗逊，这位伟大的美国总统，他能够容忍亚当斯在落选失败之后的牢骚，容下了这些他身上的可爱小缺点。直至多年以后，他们才发现自己已经错过一段友谊太久了。于是，重拾当年的情谊，他们铸就了美国历史上最伟大的友谊。

俗话说："金无足赤，人无完人。"对于生活中的我们而言，既有优点，也有缺点，这是客观存在的。如果说需要变得完美，那也是尽善尽美，而不能绝对的完美。因此，对于他人的缺点，我们不能较真，而是抱着宽容的心态待之，这样既放过了自己，又款待了他人。

当我们觉得自己不能容忍别人身上的缺点的时候，我们应该反省自己：自己身上是否也有同样的缺点呢？既然自己身上也存在，又何必苛求别人呢？所以，对于他人身上的"坏毛病"，我们要学会容忍，多鼓励，多赞赏，说不定在我们的赞美之下，他的缺点就会渐渐地变成优点。

人生需要跳出框框

生活中，有的人活在"年龄"这个框框中："我太年轻了，没有经验，不能成功"、"我太老了，已经没有力量去拼搏了"。其实，这些人之所以得到了一个毫无生气的人生，原因在于他们没能跳出固定的框框。还有的人活在能力的框框中，他们总是对自己说："我没有这个能力，没有那个能力，所以我不能做到。"有的人活在性别的框框中，总是对自己说："我是女人，不像男人可以做事业，所以我做不到。"有的人活在过去的经验中，总对自己说："因为我没经验，我以前失败过。"如果我们对自己的人生某些地方不满意，那一定是有某些框框限制了自己的行动，你只有跳出框框，不再较真，才能活出自由绚丽的人生。

章鱼的体重可达几十公斤，它拥有如此巨大的身躯，整个身体却非常柔软，柔软到几乎可以将自己挤进任何一个想去的地方。令人神奇的是，它竟然可以穿过一个银币大小的洞。因而，一些渔民掌握住了章鱼的这一特点，便将小瓶子用绳子串在一起沉入海底。章鱼一看见小瓶子，都争先恐后地往里钻，不管这个瓶子有多么小，多么窄。

结果，这些在海洋里横行霸道的章鱼，就成了瓶子里的囚徒，成为了渔民的猎物，最后成为了人们餐桌上的一道美味。

整个海洋异常宽阔，但章鱼却偏偏要向一个瓶子里钻，最终丢掉了自己的性命。也许，你会嘲笑章鱼的愚笨，但实际上，生活中的我们在很多时候都成为了这条章鱼，不懂得跳出思维的框框，从而面临最后的失败。

王先生在20岁左右的时候，梦想着自己成为一个培训师，但想到自己才20岁，怎么可能成功呢？因为至少要40岁以上才有人听自己演讲，由于这样一直给自己设定框框，他就一直没有成为一个培训师。等到自己到了40岁的时候，才发现时间是不等人的。这时王先生决定跳出"年龄"这个框框，大胆突破，以个人的经历进行职业生涯规划的培训并巡回演讲，开发出自己的潜能，改变了人生。

有一次，王先生在某单位进行一个商务礼仪方面的培训，一位姓刘的学员听他讲课，他问王先生："老师，我的梦想也是当培训师，但是我做不到。"王先生问道："为什么？"那位学员回答说："因为我刚20岁，你们这些培训师都40岁了，有经验，经历丰富，我是不是年纪太小了。"当时王先生听了很惊讶，但他还是教导说："其实是你把自己设在框框当中，跳不出框框，也就达不到自己所想要的结果。你充满活力与朝气，这就是优势，世界第一名演说家安东尼·罗宾23岁就成功了。"后来，经过王先生对那位学员的指导，他不但跳出了年龄的框框，而且很快开始行动，现在已经是一家管理顾问公司的负责人了。当然，听到这样的消息，

王先生对那位学员跳出框框之后的成长感到很欣慰。

每一个平凡人的成功，都是源于他们能够勇于突破框框，向原本认为自己不能做的事情挑战，这样才有了登峰造极的机会。其实，每一个人在生命的旅程当中都有一些框框，那些框框就好像一条绳子，紧紧地禁锢着我们自由的心灵。因为固执，较真，我们总不愿意相信自己是可以跳出框框的，所以才造就了失败的命运。

框框，它会扼杀创造性思维、解决方案和创造力，它是外部环境强加给我们的。有时候，束缚我们的框框是我们自己创造的，在这个世界上，也只有我们自己才有力量挣脱束缚，给心灵一个自由的空间。

那些不敢跳出框框，在框框里徘徊的人，其实大多都是比较自卑的人，他们不愿意相信自己有能力去做成一些事情，在内心深处，他们是自卑的，因此，他们只能在框框里忍受被禁锢的痛苦，却没勇气跳出框框。当然，跳出框框的勇气来源于自信，只有你充分地相信自己，才有力量和决心来跳出框框，否则，我们只会终生徘徊在框框里。

第3章　禁得住诱惑，耐得住寂寞

生活中，在与人共处时，我们在扮演着不同的身份。有的人宁愿面对别人，也不愿单独面对自己。其实，耐得住寂寞、经得住诱惑的人才是最自由的。因为内心淡然，他们懂得怎样去开发自己的生活快乐源泉，懂得在忙碌之余给自己安排一片只属于自己的天地。曾有人说，即使我们做不了一个伟大的人，也要拥有一颗伟大的心。现代社会中的我们，也应该拥有这一饱经世事的心态，这样才可能心境平和、淡泊自然。只有做到了宠辱不惊、去留无意，方能心态平和，恬然自得，方能达观进取，笑看人生！

学会独处，聆听自己的心声

我们都知道，人是一种社会性的动物，我们需要与人交往，需要爱与被爱，否则就无法生存。世上没有一个人能够忍受绝对的孤独。但是，绝对不能忍受孤独的人却是一个灵魂空虚的人。某位诗人说过：“爱你的寂寞，负担它以悠扬的怨诉给你引来的痛苦。”而事实上，我们可能没有认识到的一点是，这种因寂寞而引发的痛苦却恰恰是我们最应该珍视的礼物。当我们独处的时候，我们虽然陷入了孤立的境地，但却正因为如此，

我们才有机会静下心来思索自己的人生，才有机会聆听自己内心的声音。

挪威航海家弗里德持乔夫·南森说："人生的第一大事是发现自己，因此，人们必须不时孤独和沉思。"是啊，学会适时独处，你才会发现真正的自我。学会聆听自己的心声，你才能更加从容地上路。

夜幕降临，喧闹的城市也已经安静下来了。

林先生和所有的城市白领一样，在忙完一天后，他准备回家，但心情郁闷的他还是决定去呼吸一下新鲜空气。今天，他和上司吵架了，他们在下半年的年度计划安排上产生了很大的分歧，上司批评了他，他在考虑要不要辞职的事。

他把车停在了护城河边上，接下来，他打开了自己喜欢的轻音乐，然后靠在了椅背上，他觉得自己好累。在这家公司工作五年了，五年来，他一直很努力，但不知道为什么他好像总是得不到上司的肯定，也一直没有得到升职的机会。可以说，他在这家公司一直工作得不开心，这到底是自己的原因还是因为没有得到肯定呢？

他反复思考着这个问题，最终，他发现，原来自己根本不喜欢这份工作，他一直倾向于设计类的工作，从大学开始，这就是他的职业理想，但毕业后的他却因为生计问题选择了现在的工作。

想通了以后，他轻松了很多。第二天，他将辞呈递上了上司的办公桌，然后离开了公司，这让很多同事感到愕然，但内里原因只有他自己知道。

这则案例中，林先生为什么做出辞职这个重大决定？因为他静下心来发现，自己的职业理想并不是现在的工作。这就是独处的力量！

的确，我们不是在喧嚷中认识自己，也不是在人群之中认识自己，而恰恰是在寂寞的时刻认识自己，于独居的时刻认识自己，犹如深夜的月光洒落在纯净无瑕的窗户之上。任何一个拥有自我的人，都能做到静静地倾听自己内心的声音，以此认识到自己不为人知的另一面，这一面或许是为人处世中的不足与优势，或许是某种特长等，但无论是哪一方面，只要我们能及时探究出，就有利于自身的发展。

闹市中的人们是听不到自己的心底的声音的，然而，我们不难发现的一点是，我们生活的周围，一些人却把命运交付在别人手上，或者人云亦云，盲目跟风，他们忽视了自己的内在潜力，看不到自身的强大力量，甚至不知道自己到底需要什么，不知道未来的路在哪里，于是，他们浑浑噩噩地度过每一天，一直在从事自己不擅长的工作和事业，以至于一直无所成就。因此，我们要做到的是倾听自己内在的声音，寻找到属于自己的人生意义，然后勇往直前、坚持到底。

任何一个人，只有学会倾听自己内心真的声音，才可能不断挖掘出自身发展过程中不足的部分。面对激烈的竞争，面对瞬息万变的环境，那些不愿意反省自己或者不愿意及时改正错误的人，必将面临衰败的结局。同时，在快节奏的信息社会中，一个人如果不能及时察觉自身的缺点，不能用最快的速度修正自己的发展方向，也必然会在学业和事业中落伍，被无情的竞争所淘汰。

在独处时，我们能从人群和繁琐的事务中抽身出来，这时候，独自面对自己，开始理智与心灵的最本真的对话。诚然，与别人谈古论今、闲话家常能帮我们排遣内心的寂寞，但唯有与自己的心灵对话、感受自己的人生时，才会有真正的心灵感悟。和别人一起游山玩水，那只是旅游；唯有自己独自面对苍茫的群山和浩瀚的大海之时，才会真正感受到与大自然的沟通。

总之，学会和自己独处，心灵才能得到净化。独处是灵魂生长的必要空间，只有静下心来，才能回归自我。只有学会和自己独处，心灵才会洁净，心智才会成熟，心胸才会宽广。

等候成功，寂寞是不弃的伴侣

我们都知道，没有人能随随便便成功，自古以来的许多卓有成就的人，大多是抱着不屈不挠的精神，忍耐枯燥与痛苦之后，从逆境中奋斗挣扎过来的。在人生的道路上，我们若想有所收获，就必须要耐得住寂寞。

因为成功并不是一蹴而就的，需要我们耐心等候。

歌德说："人可以在社会中学习。然而，只有在孤独的时候，灵感才会不断涌现出来。"由此，我们可以看到的是，如果你今生想要有所建树，成就自我，那么，在孤独中坚守，在孤独中完善自我，走向成功，是必经之路。一个人，只有依靠自己的力量，脚踏实地、顽强拼搏，才有可能达到目标，实现梦想。

在电影界，华人导演李安可以说是家喻户晓，他执导的《理智与感情》被列入了"影史上伟大的100部英国电影"榜单。回望李安的成功，就好像一次生活的蜕变，但这个过程中，他付出了巨大的代价。内敛和害羞的李安曾说："我天性竞争性不强，碰到竞赛，我会退缩，跟我自己竞争没问题，要跟别人竞争，我很不自在，我没那个好胜心，这也是命，由不得我。"这个信命的男人，却以自己强韧的耐心完成一次生命的华丽蜕变，从一个普通的男人蜕变成为了响彻国际的大导演。

虽然，李安毕业时的作品《分界线》为他赢来了一些荣誉，但毕业之后，他没有找到一份与电影有关的工作，他只得赋闲在家，靠妻子微薄的薪水度日。那段日子算是李安的潜伏期，他为了缓解内心的愧疚，不仅每天在家里大量阅读、大量看片、埋头写剧本，而且还包揽了所有的家务，负责买菜、做饭、带孩子，将家里收拾得干干净净。他偶尔也会帮人家拍拍片子、看看器材、做点剪辑处理、剧务之类的杂事，甚至还有一次去纽约东村一栋很大的空屋子去帮人守夜看器材。在这段时间，他仔细研究了好莱坞电影的剧本结构和制作方式，试图将中国文化和美国文化有机地结合起来，创造一些全新的作品。

后来，李安回忆起这段日子的煎熬生活，"我想我如果有日本男人的气节的话，早该切腹自杀了。"就这样，在拍摄第一步电影之前，他在家里当了六年的家庭主男，练就了一手好厨艺，就连丈母娘都夸奖："你这么会烧菜，我来投资给你开馆子好不好？"蛰伏了一段时间之后，李安出山了，他开始执导自己的第一部电影《推手》，紧接着，他内心对电影艺术的狂热就好像终于等到了机会发泄了出来，一部接着一部，部部片子都是经典，都为其成功奠定了扎实的基础。

就这样，李安完成了一次生命的华丽蜕变。

一个对电影怀抱着理想和希望的男子，却甘愿在家里做了六年的“煮夫”，这需要何等的耐心呢？就连李安自己也自嘲说：“我想我如果有日本男人的气节的话，早该切腹自杀了。”在那段煎熬的日子里，他不断蛰伏着，就好像蝴蝶在蜕变之前所经历的一切环节，忍受着寂寞与孤独，忍受着枯燥和痛苦，但他终于以自己的耐心等来了那一天，终于，他成功了，虽然，蜕变的代价是巨大的，但他已经忍受了过来，现在的他，只需要轻轻地努力就可以采摘成功的果实，生活对于他，也从来都是公平的。

人们常说：“拥有天下非富有，心灵充实才可贵。”真正内心强大的人往往是那些宁静致远、淡泊明志的人。在喧哗的外在环境下，他们依然能享受那一份属于自己的宁静，不为世事纷扰而忧心。然而，不得不承认的是，我们生活的周围，也有一些满腔抱负的人，但他们却耐不住寂寞，无论做什么事都三分钟热度，最终，他们只能一事无成。

总之，寂寞是不弃的伴侣，忍耐枯燥与寂寞是成功的必经之路。坚持到底是我们不断超前奋进的动力，在这个过程中，就需要我们要有一颗耐得住寂寞的心。若享受不了寂寞，内心则无法宁静，就难以获得成功。

水到渠成，不可急于求成

生活中，人们常说：“心急吃不了热豆腐。”这是指做事不要急于求成，要踏实做事。的确，总是想着成功的人，往往很难成功；太想赢的人，往往不容易赢。欲速则不达，凡事不能急于求成。相反，以淡定的心态对之，处之，行之，以坚持恒久的姿态努力攀登，努力进取，成功的概率就会大大增加。

我们都听过《揠苗助长》的故事：

从前，宋国有个农民，他做事总是追求速度。因此，对于田间的秧苗，他总觉得长得太慢，于是，他闲来无事时，就会到田间转悠，然后

看看秧苗长高了没有，但似乎秧苗的长势总是令他失望。用什么办法可以让苗长得快一些呢？他思索半天，终于找到一个他自认为很好的办法——把苗往高处拔拔，秧苗不就一下子长高了一大截吗？说干就干，他就动手把秧苗一棵一棵拔高。他从中午一直干到太阳落山，才拖着发麻的双腿往家走。一进家门，他一边捶腰，一边嚷嚷："哎哟，今天可把我给累坏了！"

他儿子忙问："爹，您今天干什么重活了，累成这样？"

农民扬扬自得地说："我帮田里的每棵秧苗都长高了一大截！"他儿子觉得很奇怪，拔腿就往田里跑。到田边一看，糟了！早拔的秧苗已经干枯，后拔的也叶儿发蔫，耷拉下来了。

揠苗助长，愚蠢之极！每一棵植物的成长都是需要一个过程的，需要我们每天辛勤地浇灌、耕耘等，才能获得成果。每一个生命的成长也如此，千万不要违背规律，急于求成。

其实，不光是这个农民，在现实生活中，这些急功近利者也不鲜见，他们凡事追求速度，以至于他们经常在做一件事时还没开始就结束了。急于求成，心态浮躁，往往不会注意做事的品质而常把最简单、最普通的事做砸，何况富有挑战性的大事呢？

事实上，任何一种本领的获得、一个人生目标的达成都不是一蹴而就的，而是需要一个艰苦历练与奋斗的过程，正所谓"梅花香自苦寒来，宝剑锋从磨砺出"，我们做任何事，都不能忘了踏实的原则。任何急功近利的做法都是愚蠢的，急于求成的结果，只能适得其反。俗话说："强扭的瓜不甜，强求的事难成"，以淡定的心态面对，却往往会水到渠成。

有一对夫妻，小两口恩爱有加，很多人都羡慕。然而他们有一块心病，块垒般郁积心头，一直挥之不去：结婚五六年了，还一直没有属于自己的爱情结晶。小两口那个急呀！一有空就四处寻医问药，但几年过去了，肚子却不见有怀孕的迹象。更为严重的是，以前身体健壮如牛的妻子，竟然和各种莫名其妙的疾病结上了缘，开始是整天整天的肚痛，痛得常常出满身满身的虚汗，痛得常常在床上打滚，痛得常常大呼小叫、鬼哭

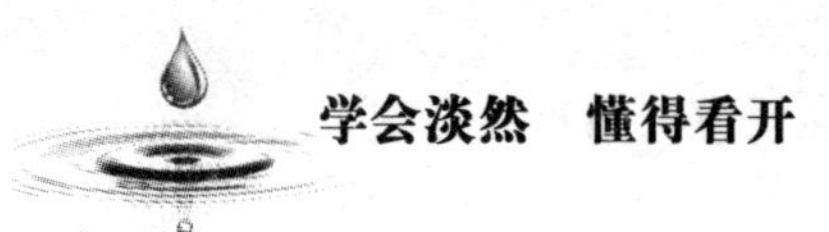

狼嚎。于是，他们全家上下，求医问药，但都不见好转，连续的奔波，搞得他们身心俱疲。

父母流泪了，劝他们想开点；朋友们伤心了，劝他们顺其自然。小两口不表示拒绝，也不进行辩驳，均一笑了之。

有一天，小两口到医院打点滴，一个护士看着他们青一块紫一块的胳膊，还有胳膊上密密麻麻针头扎过的小红点，不禁落泪了：顺其自然吧，是自己的别人抢不走，不是自己的莫强求……

听着这温柔的、天使般的声音，小两口陷入了沉思：是啊，小护士和我们素不相识，她干吗要劝我们？还不是看到我们身心俱疲的样子产生悲悯之情了吗？顺其自然，是自己的别人抢不走，不是自己的莫强求……说得多好啊！

回到家，小两口像换了个人似地，把医院买来的各种中药、西药统统扔进了垃圾堆。小两口相视一笑，顿时浑身轻松。

一个周末，妻子翻翻日历，发现例假很久没来，然后拿出试纸，检测了下，发现居然怀孕了，小两口紧紧地相拥在一起，激动的泪水夺眶而出……

后来，丈夫向朋友叙说：“真的，自从思想放松后，妻子的什么小烧不断、肌肉乱颤、大肠易激、夜间失眠，统统地不治而愈。”他在叙述这一切的时候，我发现，他的脸色很平静，似乎在叙说一件与自己毫不相干的故事。

凡事顺其自然，确实至为重要。有些事情就是奇怪，你越努力渴求的，它越迟迟不来，让你等得心急火燎、烂额焦头。终于，你等得不耐烦了，它却又如从天降，给你个惊喜满怀。

孔子曰：“无欲速，无见小利。欲速，则不达，见小利，则大事不成。”真正成大事者，都遵循自然的规律，遇事临危不乱、镇定自若，他们都有一份定力，这是一种有长远眼光的表现，只有凡事不急于求成，才能真正有所成就。

知足者常乐，不知足者常忧

中国人常说的“知足就是常乐”。也许每个人都曾问过这样的问题，幸福到底是什么？大多数人也许认为，拥有名利地位、奢华的生活就是幸福。而实际上，幸福是简单的，有时候，夏日里的一丝凉风、冬日里的一件棉衣就是幸福。但无论如何，不懂得知足的人是无法感受到幸福的。

然而，现代社会中的人们，就如忙碌的蚂蚁一般，他们总是脚步匆匆，心事重重，他们为家庭和工作，年复一年，日复一日，像牛一样辛勤耕作，但到头来面色欠佳，疲惫不堪，成了“亚健康”患者。

有一个学者出门寻找世界上最快乐的人，他走了很远的路，问了沿途碰到的所有人，他们都说自己不快乐。

有一天，学者终于来到皇帝的宫殿，皇帝坐在用黄金做成的椅子上，他身后是一座藏有数不尽金银财宝的巨大宝库。学者问皇帝：“你一定是世界上最快乐的人了！”皇帝愁眉苦脸的对学者说：“怎么会呢？我每天要考虑所有国家大事，外敌正在入侵我的领土，我怕我的大臣起来谋反，我怕小偷偷走我的珠宝，我怕生病，我怕死亡……哎！我是世界上最不快乐的人！”

学者垂头丧气的从皇宫里走出来，顺着原路往家赶。经过一片荒野时，发现前边有人坐在一堆火旁边，一边唱歌，一边烤着什么东西，他走过去一看是一个乞丐，他奇怪地问道：“看样子你一定很快乐了！？”乞丐答：“我捡到了半根香肠，晚上不用挨饿了！我现在是世界上最快乐的人！”

幸福不是获得更多的财富与地位，而是一种知足。懂得知足，就能懂得享受最为简单的幸福。

生活中，人们都有自己追求的目标，都希望能早日达成自己的目标，而一旦实现以后，人们常把放松的心情解释为幸福。好像事情越难做，成功后的幸福感就越强。不可否认，这种解脱，让我们感到真实的快乐，但事实上，它并不是真的幸福，而是“幸福的假象”，而正是对幸福的错误理解，导致了一些人在人生道路上不停地追逐，不懂知足，而最终，他们

错过了很多沿途的风景。

然而，在现实生活中，我们发现，一些人，他们总是抱怨生活太苦，困难太多，命运太艰难等。其实，在短短的人生旅途中，人人都有所求，但没有人能够拥有世间的一切。人们所求各不相同，但万涓细流，终将汇聚成海，归根结蒂，他们所求的乃是快乐。世上没有比快乐更为人们所普遍追求的东西了。

懂得珍惜，最为可贵，善于知足，最为幸福。当一个人珍惜了生命，生命便会长久，当他珍惜了家人、朋友之间的情感，他便能在友善的交流中，获得快乐与更多的幸福。真正的幸福不是你每天得到了一些什么，而是每天你都能对自己拥有的一切，怀抱着一颗满足、感恩、珍惜的心。如果我们能够保持着这种态度来对待生活中的每一天、每件事，那么，即使人生中有摆脱不了的悲苦、辛酸，我们也能让它们转化成有价值、有意义的事。

德国哲学家叔本华曾说过："我们很少想到自己拥有什么，却总是想着自己还缺少什么！不要感慨你失去或是尚未得到的事物，你应该珍惜你已经拥有的一切。"

那么，我们该如何体会满足的幸福呢？

1. 比较法

比如，当你认为房子不够大、你的车子不够豪华、你为买不起LV包包而焦躁时，你想过没，还有多少和你同样的人却正在为房子忧愁、为明天的家庭开支担忧、为了一个几十元的包包与店铺老板砍价？这样一比，你可能觉得自己其实是幸运的，也就不再为那些外在的物质生活而忧愁了。

2. 注重精神世界的充盈

细心的你也可能发现，那些爱看书、听音乐、旅游的人，他们看起来笑得更舒心，因为他们的业余生活是丰富的、充足的，他们不会为那些虚无缥缈的物质生活烦恼，他们满足于现在的幸福生活。因此，丰盈精神世界是克制我们的欲望的良好方式，比如，你可以把周末逛街的时候拿来学习英语、练瑜伽、读名著等。

总之，快乐、幸福的感觉，依托于物质的满足、成就的获得等，而它

的源泉，则在于懂得知足和时刻珍惜。懂得珍惜，最为可贵，善于知足，最为幸福。

不受杂念所扰，用平常心做事

生活中的每一个人都有自己的理想，并且，大多数人都在为自己的理想奋斗着。但我们不得不承认的一点是，在我们为目标奋斗的过程中，总会出现一些干扰我们的因素，对此，只有保持内心安宁，才能经受得住诱惑、耐得住寂寞，也才能真的有所作为。

莫泊桑是19世纪法国著名作家。他从小酷爱写作，孜孜不倦地写下了许多作品，但这些作品都是平平常常的，没有什么特色。莫泊桑焦急万分，于是，他去拜法国文学大师福楼拜为师。

一天，莫泊桑带着自己写的文章，去请福楼拜指导。他坦白地说："老师，我已经读了很多书，为什么写出来的文章总感到不生动呢？"

"这个问题很简单，是你的功夫还不到家。"福楼拜直截了当地说。

"那怎样才能使功夫到家呢？"莫泊桑急切地问。

"这就要肯吃苦，勤练习。你家门前不是天天都有马车经过吗？你就站在门口，把每天看到的情况，都详详细细地记录下来，而且要长期记下去。"

第二天，莫泊桑真的站在家门口，看了一天大街上来来往往的马车，可是一无所获。接着，他又连续看了两天，还是没有发现什么。万般无奈，莫泊桑只得再次来到老师家。他一进门就说："我按照您的教导，看了几天马车，没看出什么特殊的东西，那么单调，没有什么好写的。"

"不，不不！怎么能说没什么东西好写哟？那富丽堂皇的马一回事，跟装饰简陋的马车是一样的走法吗？烈日炎炎下的马车是怎样走的？狂风暴雨中的马车是怎样走的？马车上坡时，马怎样用力？车下坡时，赶车人怎样吆喝？他的表情是什么样的？这一些你都能写得清楚吗？你看，怎么会没有什么好写呢？”福楼拜滔滔不绝地说着，一个接一个的问题，都在莫泊桑的脑海中打下了深深的烙印。

从此，莫泊桑天天在大门口，全神贯注地观察过往的马车，从中获得了丰富的材料，写了一些作品。于是，他再一次去请福楼拜指导。

福楼拜认真地看了几篇，脸上露出了微笑，说：“这些作品，表明你有了进步。但青年人贵在坚持，才气就是坚持写作的结果。”福楼拜继续说：“对你所要写的东西，光仔细观察还不够，还要能发现别人没有发现和没有写过的特点。如你要描写一堆篝火或一株绿树，就要努力去发现它们和其他的篝火、其他的树木不同的地方。”莫泊桑专心地听着，老师的话给了他很大的启发。福楼拜喝了一口咖啡，又接着说：“你发现了这些特点，就要善于把它们写下来。今后，当你走进一个工厂的时候，就描写这个厂的守门人，用画家的那种手法把守门人的身材、姿态、面貌、衣着及全部精神、本质都表现出来，让我看了以后，不至于把他同农民、马车夫或其他任何守门人混同起来。”

莫泊桑把老师的话牢牢记在心头，更加勤奋努力。他仔细观察，用心揣摩，积累了许多素材，终于写出了不少有世界影响的名著。

的确，和莫泊桑一样，很多成功者之所以成功，就是因为在专注的过程中，经过了沮丧和危险的磨炼，才造就了天才。福韦尔·柏克斯顿认为，成功来自一般的工作方法和特别的勤奋用功。他坚信《圣经》的训诫：“无论你做什么，你都要竭尽全力！”他把自己一生的成就归功于“在一定时期，不遗余力地做一件事”这一信条的实践。

的确，我们每个人，只有专心致志于一行一业，不腻烦、不焦躁，埋头苦干，不屈服于任何困难，坚持不懈，才能有所成就。只要你坚持这样做，就能造就优秀的人格。

相反，那些对奋斗目标用心不专、左右摇摆的人，对琐碎的工作总是寻找借口，从而懈怠、逃避，他们注定是要失败的。如果我们把所从事的工作当作不可回避的事情来看待，我们就会带着轻松愉快的心情，迅速地将它完成。

总之，在对有价值目标的追求中，坚韧不拔的决心是一切真正伟大

品格的基础。充沛的精力会让人有能力克服艰难险阻，完成单调乏味的工作，忍受其中琐碎而又枯燥的细节，从而使他顺利通过人生的每一驿站。

平淡是幸福婚姻的节奏

有句俗话说：“婚姻如饮水，冷暖自知。”每个人都会步入婚姻的殿堂，和另一个人开始过一种新的生活。但正如钱钟书先生的《围城》中所描述的：围在城里的人想逃出来，城外的人想冲进去。的确，相爱容易，相处难。

生活本就是繁琐的，每天油、盐、酱、醋、茶，自然少了婚前的激情与浪漫，一些人便开始对婚姻失望，甚至把矛头指向爱人，于是，生活中的吵闹便开始了。其实，人还是那个人，爱情也并未变，只是面对婚姻，一些人无法调整自己的心态。婚姻本就是平淡的，需要夫妻双方共同的经营。两个性格、成长环境不同的人走到一起，本就是一件不易的事。其实，当爱情沉淀的时候，我们该轻轻地摇摇杯子，学会享受这份平淡的幸福。

小燕和阿飞是大学同学，他们同时就读于艺术系，小燕的家庭环境比较好，从小被父母捧在手心里，而阿飞则来自于农村，父母都是农民，但这并没有让他觉得自己不如人，相反，他用自信和细心打动了小燕。

阿飞很善于制造浪漫，在读大二的一个晚上，他用一个多星期的生活费买了漂亮的玫瑰花和蜡烛，在小燕的宿舍楼底下摆成了“I LOVE YOU”，然后深情地对楼上的小燕唱《对面的女孩看过来》，接着就是一番表白，这样的爱情攻势，小燕哪里能抵挡得住，当天晚上，小燕就答应了阿飞的约会。

时间过得总是那么快，很快，他们毕业了。他们在上海租起了房子，并登记结婚了，他们需要为柴米油盐担忧，阿飞再也没有精力去制造浪漫了，而小燕则还是和以前一样疯，还是希望阿飞能经常给自己制造浪漫，她开始抱怨阿飞不爱她了，阿飞也只是淡淡地回答："你多想了。"后来，小燕就喜欢上了上海的夜生活，她总是醉醺醺地回家，再后来，她开始夜不归宿。阿飞明白，即使自己再爱小燕，他们也回不到从前了。

在结婚后的半年，小燕就离开阿飞去了北京，而阿飞则留在了上海，过着他平淡的生活。

其实，无论是男人还是女人，都希望自己的婚姻是浪漫的，正如故事中的阿飞和小燕一样，在没有现实生活的压力下，他们的浪漫爱情看来那么甜蜜，但任何爱情如果经不住柴米油盐的考验，总是会夭折。因此，我们常常听人们说"越是浪漫的爱情，越是死得快。"

无论在恋爱还是婚姻中，浪漫确实能让人们更真切地感受到对方对自己的爱，但浪漫是需要代价的，首先需要我们考虑的就是现实的因素，制造浪漫一定要以现实生活为前提，吃不饱穿不暖的情况下又何来浪漫？有句名言说"浪漫就是慢慢的浪费"，不得不承认的是，大多数浪漫爱情的背后，都隐藏着高昂的经济成本。故事中的小燕想要的浪漫其实就已经让阿飞无力承担了，这也是导致他们走向不同的人生轨迹的原因之一。

也就是说，在基本生活得到保障的情况下，偶尔制造一下浪漫，可以调节爱情与婚姻生活，让枯燥的生活增添一些色彩，让你的爱人更爱你，但如果你不考虑双方的生活情况，希望每天的生活中都充满惊喜，那么，你就太贪心了。

另外，我们可能忽略的是，爱情与婚姻本就是不同的。爱情是甜蜜的，婚姻是要经受住琐碎生活的考验的，对于爱情与婚姻的过渡，我们也要调整自己的心态，再热烈的爱情最终也要归为平淡。任何爱情，只有经得起平淡的流年，经得起时间的考验，才能最终修成正果，愈久弥香。

当然，在很多人眼里，所谓的浪漫就是要和高贵的服装、精美的食品以及重金打造的约会氛围相关联的，而实际上，这是一种错误的想法，浪漫是一种情感，而不是一种硬性规定，当你能赋予它属于自己的含义时，你就明白了什么是真正的浪漫。比如，对于一对婚龄很长的夫妇来说，偶尔的一封情书就是浪漫，餐桌上互相夹菜也是浪漫，甚至相拥而睡时的一句晚安都是一种浪漫。

总之，爱情与婚姻中，无论是男人还是女人，都希望自己的伴侣能为自己制造浪漫。诚然，浪漫能调节枯燥的婚姻生活，让爱情富有新鲜感，但一味地苛求获得浪漫，会让对方产生负重感，因此，对待婚姻，我们一定要有平和的心态，要明白平平淡淡才是真的道理，浪漫也只是婚姻的“奢侈品”，不可强求。

第4章　淡泊明志，宁静致远

对我们每个人而言，人生是一个过程，所以，我们要从容一点面对。从容，是一种理性，一种坚忍，一种气度，一种风范；是处世时“不管风吹浪打，胜似闲庭信步”的镇定自若、不骄不躁。只有从容，我们才能临危不乱；只有从容，我们才能举止若定；一时的从容固然是美，也不难做到，但一生的从容才是英雄本色，是令人敬佩的豪情万千。

过度的贪欲是无尽烦恼的根源

过度的贪欲是万恶之根，会带来妒忌、愁苦、争执，让自己终日生活在惶恐不安之中，而无法享受到平安、喜乐的从容人生。

俗话说：“人心不足蛇吞象。”过度的贪欲就是一切恶果的根源。人活在世上，想要拥有的东西太多了，就像格林童话《渔夫和金鱼》中的老太婆，心中永不知足，让她当贵夫人不行，还要当女皇；让她当女皇不行，还要当海上霸王，甚至要金鱼做她的仆人。结果呢，却适得其反，什么都没有得到。

过度的贪心就像吃咸菜一样，吃得越多越渴，身体越不好。人若过于

贪心，就会在心理上永无宁日，没法享受生活中从容的乐趣；人若过于贪心，就不能坚持公道，没法读懂生活中的真谛；人若过于贪心，就会利令智昏、见利忘义，没法体会天伦之乐，甚至连性命都可能丢失。

曾经有个很吝啬的人，他也知道自己这个毛病，但是就是无法改掉。他家里很穷，穷得连床也没有，家徒四壁，只有一张长凳。他每天晚上就只有在长凳上睡觉。于是，他向上帝祈祷："如果我发财了，我绝对不会像现在这样吝啬。"上帝看他可怜，就给了他一个装钱的口袋，说："这个袋子里有一个金币，当你把它拿出来以后，里面又会有一个金币，但是当你想花钱的时候，只有把这个钱袋扔掉才能花钱。"

听上帝说完，那个人就开始不断地往外拿金币，整整一个晚上都没有合眼，地上到处都是金币。转眼间，地上的钱已经多到即使他这一辈子什么都不做，也足够他活一生了。可是每当他决定扔掉那个钱袋去花钱的时候，又都舍不得，心想还可以再拿一些金币出来。

于是他就不吃不喝地一直往外拿金币，直到把整个屋子都装满了。可是他还是对自己说："我不能把袋子扔了，钱还在源源不断地出，还是让钱更多一些的时候再把袋子扔掉吧。"到了最后，他虚弱得连把钱从口袋里拿出来的力气都没有了，可他还是不肯把袋子扔了，终于在钱袋的旁边，孤独地死去了。

这个吝啬的人，因为过多的贪心，最终为金钱而丧命，什么也没有享受到，反而沦为笑料，有什么意义呢?

过度贪心的人，往往是紧紧地抱住自己拥有的东西，不肯放下他追逐得来的东西，更不会分给别人一丝一毫，甚至还吃着嘴里的，望着锅里面的。

一天，一只狐狸出来觅食，很快，它就捉到一只飞雁，并把它衔在口中，负伤的飞雁在狐狸嘴里，不断挣扎着，还动着翅膀。

但当狐狸走到河边时，看见河里的鱼又肥又大，滑溜溜的，感觉似乎比飞雁还好吃。于是，这只贪心的狐狸，随即把飞雁放置于岸上，跳入河里想捉鱼，然后再一起享受这顿大餐。可是一入水，狐狸就站立不稳，身子随水漂流起来。狐狸一看情形不对，就没命地逃上岸来，总算保全了生命。但岸上哪里还有飞雁的影子，负伤的飞雁早就趁着狐狸不注意的时候飞跑了。

狡猾如狐狸，也因过度贪心而错过了美味的食物，既然已经得到飞雁在口，何必又去捉鱼呢，结果折腾得惊魂不定，两手空空，害自己烦恼、懊悔不已。

生活中，人多一份贪欲，就多一份痛苦和烦恼；少一份贪欲，就多一份从容和快乐。过度的贪欲如同一根链条，若自己无法摒弃，便会被其束缚，过度的贪欲犹如一个火把，若自己无法熄灭它，便会引火烧身。波斯匿王正是在领悟到其中的奥妙后，才放下贪念，重新拥有了从容而健康的生活。

近来胃口非常好的波斯匿王，看到什么东西都要饱尝一下，于是他的身体一天一天地胖了起来，终至行动困难，气喘吁吁。

他忧心忡忡地来请教佛陀，问有什么减肥的妙方。波斯匿王神情忧虑地对佛陀说："佛陀！我因为受不了美食的诱惑，饮食过量，以致越来越胖，非常的烦恼。"佛陀怜悯地说："王啊！你为什么贪念这么强，太过度了，难道没想过要制止吗？"波斯匿王皱着眉头："有啊！曾经试过，但是还是抗拒不了想吃的欲望，怎么办呢？"佛陀微笑道："想得到不该得的东西就叫做贪。贪心的人终日追逐财、色、名、食、睡等五欲，若不知道要适可而止，必然会造出种种罪业，伤害别人，使自己遭受业报的痛苦。要消除这种烦恼，应该去除贪求的心，饮食节量，自然能够身体健康。"

听完，若有所思的波斯匿王欣喜地说："原来痛苦和烦恼的根源贪欲太多，贪念真是害人不浅哪！"

其实，烦恼的产生并不是以人的生活物质为标准，而是以心境状态为参照物，若贪欲多重，人便永远无法满足，永远无法从容地生活。波斯匿王之前的烦恼便是来源于此。

过度的贪欲如魔鬼，一点一滴吞噬着人们善良的心灵；过度的贪心如铁锁，整日整日地将人们囚禁于内，不得解脱。生活，不是活着给人看的，而是如一朵花，静静地开，又悄悄地落，全然为自己而存在。所有生命中的该得到的，我们应尽量争取；不该得到的，不如从容对待。正如徐志摩所说：得之，我幸；不得，我命。

贪欲不能过度，否则物极必反。老子说得好："见欲而止为德"。合理的需求才是从容，才是一种淡泊，才是顺应自然。唯其从容，方能摆脱一切世俗，悠然地过上自己想要的生活，创造属于自我的空间，让自己的人生从从容容而色彩纷呈！

淡泊明志，宁静致远

用一颗宁静的心，做个淡泊的人；用一颗从容的心，做个睿智的人。让我们在淡泊中走出浮华，走向从容；在宁静中沉淀深情，活出洒脱，用心描绘自己的真我风采！

淡泊，是一块高远的天空，是一片心灵的净土，是一种人格的净化。人生最美妙的时光，是不为名利所累，不为繁华所诱，独守一片天籁，独享一角清幽，独处一隅孤寂，从从容容地"行到水穷处，坐看云起时"。

用淡泊的心境去诠释志向的高远，用宁静的意念去解读生活的经书，你便能搏击万里长空，唱响生命华章，享受面朝大海、春暖花开的从容、悠然生活。

王海上大学的时候，专业是学校预先确定了的。尽管他当时并不喜欢化学，但他却没有怨天尤人，他想了个两全之策，既服从学校分配，又不放弃自己的爱好。他既在课堂上认真听老师讲自己的专业课，课下又投入到自己感兴趣的科目中，尽管比较累，但王海仍然以优异的成绩完成了大学的学业。后来，在科研中，王海不再受专业的局限，而是先找准自己喜欢的研究课题，再以此为圆心，向周围延伸，涉及哪个学科，就找来相关资料，学习相关知识，而不是从头开始学这个学科。即便现在，他每天仍要阅读大量的国内外文献，不断学习新知识。他的研究工作涉及物理、化学等多个领域，所以他成为了一个典型的复合型人才。而当初本科时的广泛涉猎无疑为他的成功作了重要的准备。“没有人知道自己将来会做什么，不去尝试，怎会知道自己真正的兴趣所在？”王海如是说。

让学生们印象最深的就是王海那淡泊的心态和强烈的社会责任感。王海所从事的研究工作，不仅仅是出于自己对工作本身的兴趣，对科学的热爱，更是出于为祖国服务，为人类造福的赤诚之心。在这个喧嚣浮躁的世界中，学生们惊讶王海竟能始终保持一颗宁静的心进行自己的研究。以王海的“牛”，随便在别的什么地方都会有优厚的待遇，而且工作会比在学校轻松许多。“这里有我喜欢的工作，衣食无忧，还可以每天做自己喜欢的事，又怎会觉得累呢？”王海平静地说。当然，压力总会有的，在工作之余，王海会陪着家人看电视，或是出去施旅游，而且他每天早上风雨无阻地送女儿上学，一家人其乐融融，家庭的温暖舒解了工作的压力，也带给了无限的满足。

在纷繁复杂的尘世间，拥有一份属于自己的宁静，实在是一种独特的享受。王海正是用自己淡泊的心态做了一条远航的船，用宁静的性情织了一张稠密的网，在人生旅途上摒弃贪名重利的心，打捞出了生活中最纯的美丽。

醉过知酒浓，爱过知情重，经历过才知一切都将归于平静。红尘微熏的岁月，功名利禄让我们眼花缭乱，只有在时间的轮回中，我们才能变得宠辱不惊，用一颗淡泊的心去完成飞翔的梦想，用平静的心态去接受生活赐予我们的喜怒哀乐，去从容地为精彩人生而拼搏，把梦想照进现实。

梦静是个纯朴而温雅的女孩，眼中总闪耀着坚强与执着的光彩，脸上常挂着甜甜的笑。梦静在大学期间成绩优异，现在已经被保送研究生了。

谈及保研问题时，梦静解释说申请保研是一项相对复杂的程序，要做好充分的准备，比如说和目标学校沟通好，在口试时尽量发挥出最好的水平等。除此之外，学院内的综合排名在保研时是一项非常重要的参考标准，平时成绩和素质发展分各占一定比重。

说到学习，梦静认为学习并不能只靠死记硬背，而是要将学习培养成一种兴趣。因为只有对一件事物有兴趣，才会尽自己最大的努力投入这件事中。此外，她也不赞成我们带着功利心去学习，这样可能会扼杀我们

对学术、对学习的兴趣。她觉得有些东西你越追求越得不到，就像你抓沙子，抓得越紧，沙子漏得越多。梦静说她自己的生活态度就是把名利看得淡一点，踏踏实实学习，只问付出，不问收获。

梦静正是因为心中宁静，才不会被困于喧嚣的市井，不会被一切外物扰乱心智，才能静下心来学习和思考，充实自己的灵魂，而她也在这种宁静中，从容地进入了理想中的求学圣地。

淡泊明志，宁静致远，是一种自我的回归，是一种人生的体验，是一种洒脱，更是一种人生的志向。人生百态，五味俱全。无论是籍籍无名的困苦，还是轰轰烈烈的潇洒；无论是和风细雨的平静，还是暴雨瓢泼的淋漓；不论是激情昂扬的人生，还是惨淡潦倒的尘世。让我们把成败兴衰放一边，退一步海阔天空，让淡泊和宁静作为自己的伴侣，让自己的灵魂回归从容而坦然的状态。要知道，在轰轰烈烈中保持一颗平常的心，在平平淡淡中享受从容的快乐才是智者的选择。

为自己活着，享受真正的快乐

走自己的路，让别人去说吧!真正地为自己活一生，尽情享受生命的阳光雨露，从容地向着未来翱翔吧。

我们的一生不过短短数十载，在这有限的生命中又有多少时间是完全为自己活的呢。面对错综复杂的人际关系、旁人的眼光、言论、评价，我们想要为自己活的几率就更小了。而为了成为他人眼中优雅的小姐或是儒雅的先生，我们不得不戴上面具，隐藏自己的本性，做一个衣冠楚楚、彬彬有礼的人。这样周而复始的生活常常让我们苦不堪言。

既然如此，不妨追求该追求的、放弃该放弃的，从容地为了自己而活吧。我们本就应该为自己活着，只有自己活得好，才能让家人、朋友、爱人也活得好，才能对社会有所贡献，回报父母和曾经帮助过自己的人。

我们活在世上，真的没有多少时间可以随心所欲地由自己安排，能为自己而活着，是真正属于自己的。像澳大利亚的茉莉直到80岁才开始真正为自己而活，虽然她为自己活的时间非常短暂，但当她离世的时候，她仍是从容而快乐的，因为她生命的余晖是为自己绽放的。

茉莉出生在澳大利亚一个普通的小镇上，从小就接受最传统的教育。很小的时候，父母就告诉茉莉要遵守小镇上的生活准则，不要给别人增加麻烦。茉莉一直把父母的话牢牢记在心底，然后，一天天长大，上学、工作、结婚、生子，她没有让父母失望。人们都说茉莉是个好人，茉莉也觉得自己是个好人。可不知道为什么，她总有种淡淡的失落感，她的大半生都生活在这个小镇上，从没有见过外面的世界。

茉莉非常想过那种丰富多彩的生活，但她一直记得父母的教诲，没有任何特立独行的举动。时光悄无声息地流逝。茉莉从豆蔻少女变成了慈祥和蔼的老奶奶。后来，她的丈夫去世了，孩子们也各自成了家，茉莉又开始了一个人的生活。在她80岁那年，整个小镇都成了旅游区，从世界各地纷纷涌入的旅游者很快打乱了小镇的平静生活，也打乱了茉莉的心。

一次聚会的时候，旅游开发商请小镇上年龄最大的居民——茉莉为小镇做广告。茉莉向游人们诉说着小镇的快乐与美好。说着说着，她突然停了下来，自言自语地说道："是的，这里真的很美，但我更喜欢另一种生活。"茉莉生平第一次没有为别人而活，毅然选择过一种自己想要的全新生活。

带着变卖房产所得的200万澳元，茉莉离开了家乡，到了新的地方，她开始按照自己的愿望生活——学习绘画，去听古典音乐，和年轻人一起去看最流行的时装发布会，出席各种各样的社交活动。茉莉变得如此快乐、自信，几乎让人忘记了她的年龄。茉莉不仅充实地生活着，还出人意料地当选了市政府的议员。很快，茉莉就成了家喻户晓的明星。人们都说，茉莉一定会在90岁那年成为市长。然而，茉莉90岁那年，生命之花就因意外瞬间凋谢了。

根据茉莉生前的嘱托，家人将她安葬在郊外的公墓里，墓碑上刻着：茉莉，1990年生，2000年快乐地结束在人间的旅行。

茉莉明明是1910年出生的，为何墓碑上刻的是1990年呢，原来茉莉始

终觉得，从80岁那年开始她才过上了为自己而活的生活，所以她生命的真实长度是10年。

当人生的过程完成，当所有的牵绊都可以放下，我们会感叹什么，是欷歔一辈子都在为别人活着，太累了；还是满足于为自己活着，从容地实现了自己的梦想。人生苦短，没有谁的一生是一样的，没有谁的人生可以复制。当你一心看着别人生活时，不妨用心看看自己，感受一下自己的内心，或许那时，你会有不一样的体会……

把握自己，掌握生活中的平衡术

没有人可以得到这世间所有的一切美好，能够自由掌控自己、把握自己心态的人，最终才最易活得从容和幸福。

相互攀比的心理在每个人的心中都存在，即使你拥有豁达的胸怀，只要你是一个积极进取的人，这种好胜之心就会让你在跟别人的比较中，或多或少地失去平稳的心态，失去本来的自我。

在这个社会中，个体生活在这个坐标系的原点。能够把握好自己心态的人，就不必在乎他人的财富胜自己多少、才气高自己几许。因为人与人之间是不同的。能够明白此中要义，就会洒脱许多，开心许多，轻松许多。这的确不失为生活中的一大平衡术。

各人的成长环境不同，天资不同，在若干年后，术业有专攻的局面必然呈现。用自己的长项和别人的比，优越感十足；而看到别人的哪方面都比自己强，自己无法企及，就失魂落魄、垂头丧气。这样的人未免活得太累了。一个人心里的平衡就这样轻易地被打破，哪还有安宁和快乐可言？

一天，一位认为自己才高八斗的穷酸诗人乘船过江。当船划到江的三分之一处时，这位诗人突然诗兴大发，面对滔滔江水吟起诗来，几首过后甚觉无趣，因为没有人能够欣赏他的诗。于是他问船夫：“船夫，你懂不懂得诗词之美啊？”

船夫摇摇头说：“我哪懂得诗呀!我只会划船！”穷酸诗人叹了一口气：“唉！连诗歌都不懂，你真是个大老粗。”船夫对这带有歧视意味的话，丝毫没有理睬。

船走到江中间的时候，穷酸诗人拿出一只笛子吹了起来，陶醉在自己的旋律之中。一曲完毕，穷酸诗人又问船夫：“船夫先生，你不懂得欣赏诗句，那你总该懂得欣赏丝竹之美吧!”船夫摇摇头说：“我哪懂得音乐啊？我一生只会划船！”穷酸诗人更加不屑地说：“不懂得欣赏音乐，你的生活真是枯燥乏味，活着还有什么意思啊。”

突然间，天空中乌云密布，下起大雨，江水暴涨，眼看就要把船给打翻了。船夫跑到船头准备跳下水，这时，他回头问穷酸诗人：“秀才先生，那你会不会游泳呢？”穷酸诗人说：“我这一生饱读诗书，欣赏音乐，哪有时间学习游泳呢？”船夫说：“那很抱歉，不懂诗书和音乐，我没觉得我的人生缺少快乐，但你此时不懂游泳，恐怕你的人生即将全部失去了。”说完，船夫就跳进了江里。

可想而知，可怜的诗人会落得一个什么样的下场。船夫面对诗人诸多带有羞辱性的话语，依然面不改色，情绪毫无异样，这说明他阅历丰富。光顾炫耀才华的诗人，没有给别人留有口德，最后在危机时刻，空有一身才学，不懂得救生之法，也只能遗憾地了此一生。

不随意贬低别人，也不因为别人的才学而感受自卑。这是诗人没有做到的，却是那个船夫心领神会的。一味想着表现自己的人，在夸耀自己的同时，你的心就已经失去了平衡，就已开始伤害别人，最终很可能也会伤害自己。

我们常说职业不分贵贱，就像船夫会划船，诗人会作诗一样，各自有各自的本领，不必过分炫耀或羡慕。生活中，我们会听说很多抱怨，什么别人穿得比自己漂亮，吃得比自己讲究，住得比自己舒适之类的。还有乡村的羡慕城市的，钱少的羡慕钱多的，位低的羡慕位高的，权轻的羡慕权重的……

古人云：“他骑骏马我骑驴，仔细思量我不如，回头看见推车汉，上虽不足下有余。”

我无鞋，我痛苦，我却发现无腿的人更痛苦。生活中总有比你更加不幸的人，这并不是让你去为别人的不幸而幸灾乐祸，而是让我们充分认识人生的多变，从而去选择乐观。

仔细想想吧，当你在羡慕或嫉妒别人时，你身边又有多少人在羡慕你有一份酬劳可观的工作或者有一个幸福美满的家庭呢?

曾经在网上看过一个帖子，它是这样说的：

北京人说他风沙多，内蒙古人就笑了；内蒙古人说他面积大，新疆人就笑了；西藏人说他文物多，陕西人就笑了；陕西人说他革命早，江西人就笑了；江西人说他能吃辣，湖南人就笑了；湖南人说他美女多，四川人就笑了；四川人说他胆子大，东北人就笑了；东北人说他性子直，山东人就笑了；山东人说他经济好，上海人就笑了；上海人说他民工多，广东人就笑了；广东人说他款爷多，香港人就笑了……

虽然这个帖子没有什么深意，但是这却流露了一种心理：天外有天，人外有人，我们只是其中小小的一分子，怎么可能处处得到盛誉呢?

再者说，世间不如意事常八九。每个人的人生道路都不可能平平坦坦，毫无波澜。如果自己都不知足，用些无聊的谈资跟周围的人攀比，伤心失望恐怕也是在所难免。世上没有十全十美的事情，也没有十全十美的人，不要过分求全，不要始终拘泥于完美，没有人可以得到这世间所有的一切美好。只有能够掌控自己、把握自己心态的人，最终才最易获得从容和幸福的生活。

用从容的心态面对世俗的纷扰

从容的心态能让我们拨开纷扰，无所谓流言蜚语、环境变迁，自如地游走在属于自己的理想世界中。

世俗的生活中，尘世的纷扰总是如影随形，令我们挥之不去。越来越高的钢筋水泥，分割了广袤的天空，阻碍了人与自然的交融沟通；越来越多的物质欲望，取代了最初的天真，淡漠了心对质朴的向往。虽然幸福快乐是人们孜孜追求的目标，但更多的人却在对快乐的追逐中迷失了自我，深陷俗事的泥塘，任凭都市的烟尘蒙蔽了心灵、红尘的诱惑扭曲了灵魂、纷杂的俗世打乱了生活，逐渐在永无休止的追逐中丢失了从容的心态和生活。

面对周遭纷纷扰扰的事，每一个人都应该成为自己生命之舟的主人，无论是面对五光十色、一帆风顺的顺境，还是波涛起伏、濒临绝境的困难，我们都需要处变不惊、从容把握，才可能战胜一切艰难险阻，寻找到自己想要的人生。身处娱乐圈是非中心的乐基儿就为我们阐释了如何在滚滚红尘中击破纷扰，洞察世事，回归从容。

俗事纷扰嘈杂中，淡定从容，便可于静处静听风声，与喧闹处享受安宁。如唐朝诗人王维，他正是能用从容的心态对待生活中的纷扰，才写出了一首首流传千古的诗歌。

大唐盛世如花的繁华终究摆脱不了一朝变乱、笙歌尽逝的悲剧，王维这个曾经“系马高楼垂柳边”的倜傥少年，也不得不面对长河的落日、大漠的孤烟慷慨悲歌，在渔阳鼓声碧池头里感叹身世纷扰。朱颜褪却，烟花飞尽，王维走得倦了。不求柳暗花明的转机，他只是往那里轻轻一坐，深山里一朵花的开落，反而牵动起他最敏锐的神经：“木末芙蓉花，山中发红萼。涧户寂无人，纷纷开且落。”此时的瞬间，是从容泰然的瞬间。当岁月溜走，心湖波澜不惊时，王维就像一位老花匠，品味着繁花的温婉和从容。

“渭城朝雨浥轻尘，客舍青青柳色新。劝君更尽一杯酒，西出阳关无故人。”王维劝人的言语也是那样温暖和动情——他瞥了一眼渭城客舍窗外青青的柳色，看了看友人已打点好的行囊，微笑着举起了酒壶。“再来一杯吧，阳关之外就找不到像你这样可以对饮畅谈的老朋友了，也找不到人能和我一起分享这纷扰的俗事了，让我们一同饮尽这杯酒吧。”这便是王维的潇洒风范，他不会洒泪悲叹，执袂劝阻，他的目光放得很远，他的人生道路无论在哪里都是坦荡而从容。

王维的诗歌有时是婉妙的，如女子低首敛眉的舞姿；王维的诗歌有时又是刚强的，如水墨山川间的屏风，举重若轻，拒绝浮华和纷扰。最让世人心动的更是他那“行至水穷处，坐看云起时”的从容和洒脱，让所有的纷扰都成了天空的清澈和水色的温柔。

诗歌可谓是最具灵性的文字，能真实反映作者对待生活的心态。王维的诗歌便闪耀着他从容的生活智慧，也为他的生命笼上了一层绚丽的光芒，让他的人生有了别样的意义。

从容，是我们一种对待生活的态度，有了这个态度，我们便能在尘世的纷扰中保持一份平静的心性，不至于因一时的得逞而大喜过望，或天不遂人愿而怨天尤人。

事实上，当我们留心感受时，就会发现其实幸福从来就没有离我们远去，它一直在我们身边某个最深最隐秘的地方蛰伏着，你只需要一颗从容的心，悠然地拨开尘世纷扰的迷雾，轻轻地将它唤醒，幸福便会如期而至，永远伴随着你，让你气定神闲地享受生活！

在平淡中找准生活的意义

人生的点点滴滴，都是始于平淡，终于平淡。平淡才是人生的真正滋味，是生活的至美境界。善待平淡，我们处世才能从从容容、坦坦荡荡，做人才能清清楚楚、明明白白。

生活的意义究竟是什么？平淡宁静的生活，比起追名逐利的颠簸，哪个更令人向往？从容不迫的举止，比起咄咄逼人的态度，哪个更令人心服？当我们在人生旅途上跋涉了很长一段路程，努力了很长一段时间后，或许你会觉得自己的人生依然是平凡的，是平淡的，是了无生趣的。

这时，请不要灰心丧气，因为只要拥有从容的心态，便不会在错过满天星光后，又与阳光普照失之交臂；只要拥有从容的心态，便不会在失去明媚春季后，又与五彩秋季擦肩而过；只要从容地看待平淡的生活，你就会从这看似普通的潮起潮落间找到生活的意义，人生的真谛所在。曾经的奥运冠军王军霞就非常享受如今的平淡生活，她觉得平淡的生活让她更淡定而从容。

在“王军霞健康跑俱乐部”里，王军霞主要负责推广方面的工作。“我们是一个合作股份制，大家一起来做这个事情。基本上我不负责管理，我也不用坐班，没有自己的办公室，有专门的经理来管理。我们之间就是朋友，大家相处得都非常的快乐、开心。”不过，如果要王军霞在事业与家庭中选择一个更为重要的，一心放在事业上的王军霞还是出人意料地选择了家庭。“从性格来讲，我绝对会偏重于家庭这方面，虽然我儿子在上学，也有单独的阿姨照顾，但是我还是总不放心儿子。我觉得在某方面，家庭还是要比事业重要得多。”

“已经告别赛场很多年了，你现在还会经常想起那些光辉的岁月？”提及这个人们最关心的问题，王军霞说：“如果没有外界的因素，我从来不会想，过去就是过去了。包括我面对自己的孩子，我从来不会刻意地告诉他妈妈是干啥的，我们都是普通人，现在过得也是最平淡的生活，这才是真正的生活。”

王军霞身披国旗奔跑的画面，是我国奥运史上最难忘的画面之一，非常的美丽动人，已经印在了所有中国人的心中。谈到对此的感受时，王军霞感言：“我的运动生涯里面能够有这么一笔，这么一个片段，已经非常知足了。在潜意识中，或者做梦的时候，我常常梦回那个年代，梦到自己过去训练、偷懒的事儿，都把我笑得不行了。”

王军霞用灿烂的笑容再次告诉世人，在光荣已被时间稀释之后，她活得更平淡而自信。这位“东方神鹿”再次为自己跑出了一片新的天地，在从容间找到了生活的定位。

“宠辱不惊，看庭前花开花落；去留无意，望天空云卷云舒。”我们的心灵只要找到了自己的方向，就不会空虚。平淡的生活只要自己细细品味，就能感受人生的乐趣；从容地面对每一天的生活，就可在这平淡的生活中领略到生活的真谛。王长平就是在平淡的支教生活中找到了自己存在的意义和价值。

为响应“教师支持农村教育工程”的号召，王长平放弃了优越的工作

条件，只身前往农村支教。在那里的半年时间里，他用自己辛勤的汗水，实现着自己的奋斗目标，并找到了生活的意义。

支教对王长平来说，是一次磨炼，毕竟它打破了原有的生活规律。为更好地搞好工作，王长平加强了与当地的老师沟通，互相了解，互相帮助；服从学校领导工作安排，任劳任怨，从不搞特殊化；此外，还主动请缨，带7年级数学，并指导2个年轻教师。开学不久，王长平就组织了次摸底考试，结果出来后他就傻眼了，班级平均40几分，这是他教学近十年来见到的最差成绩。而那里的老师却说，这个班的成绩虽然不是很好，但与其他班相比，还是不错的！

听着本地老师的介绍，看到那一排鲜红的分数，王长平在感到惊讶的同时，也深深地感受到了肩上担子的沉重。他想，既然来了，就要尽自己最大的力量去做。于是，王长平开始利用课余时间和课外活动时间组织学生们听演讲报告，跟学生个别谈心、交流，给他们讲科学家的故事，讨论科学与人类的关系，给他们讲述外面世界的精彩，告诉他们落后的主要原因在于教育的落后，使他们在思想上重视，树立起远大的学习目标，认识到文化知识的重要性和必要性。

然后，王长平开始从最基本的课堂常规抓起，以培养学生的学习兴趣为切入点，严格要求，把学生上课时的坐、立、起、行以及如何回答问题等等内容做了严格的规定，改变了他们原来的懒散和精力不集中等坏习惯，使他们在极短的时间内做到了课前有准备，上课有精神，听课能专心，思考会用心，回答问题条理清楚等。

付出总能收获，不到一年，王长平所任教的学生不但学习态度变好了，学习习惯变好了，学习成绩也明显提高了，他所任的数学课成绩更是有了质的飞跃！如果说，当初还只是对支教生活的憧憬，那半年结束时，王长平用一百多个日日夜夜感受到了——平淡，是一种至美的境界！

支教的生活对王长平来说就像一杯清茶，没有华丽的色泽和醇厚的味道，只有淡淡的清香，但这却让他回味无穷。这段时光让他看到了真正的坚韧和毅力，体会到了简单并快乐着、平淡并享受着、付出并收获着的生活意义。

善待平淡，我们才能以豁达心胸面对起伏的人生，以睿智头脑思考人生的昨天、过好人生的当下、规划人生的未来；善待平淡，我们才能视功名利禄为身外之物、过眼烟云，不沉湎于痛苦与不幸之中，保持一份平和，保持一份从容；善待平淡，我们才能对个人的荣辱得失泰然处之，做到自然而不牵强，自重而不炫耀，自信而不傲慢，自强而不失谦逊，不以物喜，不以己悲，在平淡中找准生活的意义！

减淡虚荣心，让生活更加安宁

现在的人，太多的时候会被世上的名利、金钱、物质所迷惑，心中只想得到，只想将喜欢的统统收归己有，而不舍得放下。于是，心中就充满了矛盾、忧愁、不安，心灵上就会承受很大的压力，以至于活得很累。

在高速度、快节奏、多关联的现代社会中，人们失去了往日的悠闲，精神上高度紧张。万千讯息奔来眼底，瞬息万变的事物需要及时处理。快节奏生活可能训练出快速机敏、准确反应的应变力，却往往失去了哲人式的恬静深思的大脑。而在嘈杂忙乱中生活的现代人大多是“失静”之人。你必须属于快速的“流”，人生如萍，宛若不系之舟，在激流簇拥下，最难自持。崇尚简单生活的梭罗是真正富有者，能够最自由地支配自己的生命。

梭罗为了要写一本书，去森林中过了两年的隐士生活。自己以种豆和玉米为食，摆脱了一切剥夺他时间的琐事俗务，专心致志，去体验林间湖上的景色和他心灵所产生的共鸣，从中发现许多道理。

他认为：“一个人越是有许多事能够放得下，他越是富有。”他悠然地说：“我最大的本领是需要极少”，“我爱给我的生命留有更多的余地”。生命在他手中支配得游刃有余。与此相反，一些拥有大量金钱的富翁，却被自己的黄金“焊”在某个高位上动弹不得。梭罗不无怜悯地说：“我心目中还有一种人，这种人看来阔绰，实际上却是所有阶层中贫穷得最可怕的。他们固然已积蓄了一些闲钱，却不懂得如何利用它，也不懂得如何摆脱它，因此他们给自己铸造了一副金银的镣铐。”位高自囚，富极如贫，事物常常是这样两极相通。

在现代社会，竞争可以说无处不在。这里，人们也许可以用那种“身外之物”的观念去回答这一挑战。但应当承认，真正看破红尘的人毕竟是少数，功利、名誉对于任何一个平常人来说，都或多或少地具有某种诱惑力，何况是现代社会中的人，谁能没有一点自我实现的雄心呢？但真正的聪明者是不会让自己的虚荣心过度膨胀，他们会一边享受着名利，一边又不为名利所困扰，所羁绊，否则，人岂不成了虚荣囚徒，这样的人生有何乐趣？

繁忙紧张的生活容易使人心境失衡，如果患得患失，不能以宁静的心灵面对无穷无尽的虚荣，就会感到心力交瘁或迷惘躁动。唯有宁静的心灵，才不眼热权势显赫，不嫉妒金银成堆，不乞求声势鹊起，不羡慕美宅华第。因为所有的眼热、嫉妒、乞求和羡慕都是一厢情愿，只能加重生命的负荷。

安于寂寞，少一些炫耀与华丽，多一些谦逊和努力，坚持用自己的生命方式诠释生活的价值，那么，我们的人生终会有甜美而丰硕的收获。

用平和心态开拓人生

平和是一种理想的心理状态，是一种自我控制能力。拥有平和心态的人，往往能怀揣一颗从容之心，淡泊名利，宠辱不惊。

若想以从容的心智和达观的步伐走过自己的一世，宠辱不惊、平和的心态是必不可少的。事实上，任何一次成功都仅仅是我们人生路途中的一个驿站。它来源于平实，归终于平和。

拥有平和心态的人，能够正确地看待人生，不为权力、地位、金钱所诱惑；拥有平和心态的人，心境从容而淡泊，不会为一己之利而放弃人生的道德准则；拥有平和心态的人，能保持悠然、恬静和健康的身心，从容有致、宽广博大的胸怀，崇高的精神境界和高深的素养。

当然，平和并不意味着无所作为、没有追求、不思进取，而是要顺天应时、循规蹈矩、无为而为、薄积厚发、尽人事以听天命。被西方誉为“美国国父”的乔治·华盛顿就是一位心胸坦然、从容有致的平和之人，他用宠辱不惊的心态受命于美利坚民族危难之际，执政于合众国初创之时，为美利坚民族争取独立做出了卓越贡献。

约克镇大捷后，独立战争胜利在即。这时，建立什么样的美国这一重大问题凸显在人们面前。1782年，大陆军上校尼古拉给华盛顿写了一封长达七页的信。信中说，当今世界上，各大国无不实行君主制，而您“既有把我们从显然非人力所能克服的困难中引向胜利和荣誉的能力，又有应该得到并且已经得到军队普遍尊重和尊敬的品质。”因此，您既能“在战争中引导人们走向胜利，同样应该在和平道路上领导大家顺利前进”。这意思就是美国君主非华盛顿莫属。

但对金灿灿的王冠，具有民主共和思想的华盛顿半点也没心动。他立即给这位部下写了回信。信中说：“我认真阅读了你要我仔细阅读的意见，感到非常意外和吃惊……如果你重视你的国家，关心你自己或子孙后，或者了解我，那么，我恳求你，从你的头脑里清除这些思想，而且绝不要让你自己或者任何别人传播类似性质的看法。”就这样，华盛顿严词拒绝要他当美国国王的呼吁。一年多后，华盛顿自动辞去大陆军总司令的职务，解甲归田，隐居在自己的庄园里。

华盛顿以拒当国王的行动，维护了共和制，迈开了创建民主共和制国家试验的坚实的第一步。1789年，华盛顿当选为总统。此时的华盛顿在给妻子的信中写道：“你应当相信我，我以最庄严的方式向你保证，我没有去谋求这个职位，相反，我已经尽我所能竭力回避它，除了因为我不愿意与你和家人离别，更重要的是，因为我自知能力不足，难以胜任此重任。我宁愿与你在家中享受天伦之乐，这比我在异乡待49年所能找到的欢乐要多得多。既然命中注定委任于我，我希望能够通过接受此任为实现某崇高的目的。我将充分依赖上帝，他一直在保佑和厚待我……”

华盛顿正是有平和的心态，才能不为功名利禄所动，才会在成为总统之际真心实意地向妻子表示更愿意“享受天伦之乐”。

平和的心态不是力不能及的无奈,不是心满意足后的自赏，不是碌碌无为后的哀叹，而是一种大彻大悟的超然境界。生活中的诱惑实在太多，而物质的欲望更是永无止境。唯有平和，方能在喧嚣的世界中，保持独立人格和高洁情怀。有“孔雀公主”之称的杨丽萍便用她平和的心态舞出了人生和艺术的双重精彩。

平和的心态，是一个人远大的志向、坚定的信心、豁达的性格和超脱的人生态度的综合体现，而不是得过且过者“天生我才必有用”的自慰,不是消极颓废者“花自飘零水自流”的自弃,更不是志得意满者“今朝有酒今朝醉”的挥霍。

拥有平和的心态，成功时我们会欣赏自己的努力和勇气，能再接再厉，从容地为梦想加油;失败时我们会从中获得经验和教训，能顽强拼搏，调节自己的状态，更要以积极的心态，从容地去开拓出一片新天地!

对生活知足，内心方能安定

知足不是没有理想，没有追求，亦不是懒惰平庸，而是一种难能可贵的品行，是与欲望激烈抗争的过程中，修炼而成的从容而安定的境界。

生活中，诱惑无处不在、无时不有，它们总带着诱惑的笑容，向世人展示婀娜的身姿，发射暧昧的眼神，让人心甘情愿地投入其中。有些人甘愿在这纸醉金迷中迷失自己，失去原本质朴的生活。人之所以痛苦，皆因内心的执念，对于某些东西放不下，不知知足。譬如：爱情、金钱、权利和欲望。当人苦苦追求其中之一而不得的时候，就会陷入迷乱烦躁之中，进而无法从容地面对自己的生活。

常常有的人，越是得不到的东西就越是想得到，可偏偏越是想得到的东西就越是得不到，如此纠缠下去，就演变成疙瘩，郁结在心。这如鲠在喉的心结，使你自己徘徊在痛苦的边缘而无力自拔，不仅在无形中给心灵增加了巨大的压力，还给精神带来了负担。其实，人的需求是很低的，但人的欲望却总是无限的。每个人都应珍惜自己所拥有的，学会满足自己的需求，做到知足常乐，这样才能享受到内心的安定。陈维迪和夫人携手68年的婚姻生活向我们展示的正是知足的幸福画面。

陈维迪和夫人是在1942年结婚，虽经过了诸多风雨坎坷，却一直相濡以沫，幸福地走到了现在。在70年前，一个私人银行的老板相中了手下的一名职员，小伙子面若冠玉，眼如寒星。最主要的是，他工作踏实认真，人品亦非常可靠，是做女婿的良选。当年的小伙子便是陈维迪。老板的女儿李小姐当时还在上中学，年龄尚小，但两家仍决定订婚在先，等李家小姐毕业之后再成喜事。李小姐经常去银行里找陈维迪，两人早已认识了。

两个人对婚事亦无反对，订婚之后，在李小姐放假的时候，他们会一起去公园、看电影，这种习惯延续到结婚之后的许多年。陈老说，他们当年没有现在的年轻人那么罗曼蒂克，不过他们之间那种不温不火的、历经了岁月的温情，陪伴他们走过了这么多年的风风雨雨。

在两人的婚礼上，陈老对他的新婚太太说："不管发生什么事情，我们永远不要离婚。"事隔70年之后，陈老依然记忆犹新。他说，这是对婚姻的一种责任和承诺。婚后没多久，因为战争，夫妇相携逃到外地，那时，他们已经有了孩子。初时，他们有过很艰难的一段日子，两人都没有工作，没有收入，一天一顿饭。即使是这样，过惯了富足资产阶级生活的两口子依然很知足，因为他们都觉得把现在的日子过好比什么都重要。

后面的生活算是富足稳定，如果没有经历文化大革命的话。那时候，陈老被划为"走资派"，在单位成天挨批斗。再接着，又赶上干部下放，他已经从人民银行被下放到了工厂。陈老说，他很感谢夫人，性格好，心很宽，能包容，懂知足，无论自己钱多钱少，从来都能从容地生活。

陈老幸福的秘诀正是他俩相互对对方都没有过高的要求，没有强烈的欲望，懂得知足，能在平平淡淡中相濡以沫，共同携手从容地面对人生的种种变故。

是啊，用平和从容的心态去对待生活中的不如意，我们就会少一些埋怨，多一些快乐，少一分欲念，多一份知足。像黑鸭子合唱团的樊桐舟，她的快乐和幸福生活也都是建立在知足的基础上的。

“黑鸭子”的合唱组一直活跃于大大小小的伴唱舞台上。虽然，她们并没有大红大紫过，但作为中国分声部演唱组合的领头人，黑鸭子合唱组早已深入人心。“黑鸭子合唱组有一个最大的特点，就是它不隶属于任何一家公司，而是一个独立的团体。在合唱之外，每个成员都有固定的工作，可以根据工作节奏安排演出的场次。除了担任合唱组里的二声部，樊桐舟还会负责写三个人的和声曲谱。这样一来，黑鸭子合唱组成了樊桐舟最稳定的一份“兼职”。

樊桐舟的本职工作是北京现代音乐研修学院的老师，“我特别喜欢站在讲台上的感觉，看着台下坐了那么多渴求知识的学生，我总有一种莫名的兴奋感，想把我所知道的音乐知识都传授给他们。”讲到老本行，樊桐舟的兴奋溢于言表，“站在讲台上和站在舞台上的感觉有一部分是相似的，但成就感却远远高于做一名歌手。每当看到学生进步，我都会有一种非常大的成就感。”发行个人专辑之后，樊桐舟的工作重心虽然有部分转到演出方面，但她依然坚持每月去学校给学生们排练合唱歌曲。她说：“音乐教育是我生命中十分重要的一部分。虽然现在我还不能把全部精力放在这上面，但我会在社会上积累更多的经验，然后回来传授给学生。”

樊桐舟一直觉得自己的生活很幸福，有一份喜欢的工作；在北京给父母买了房，随时可以去看望老人；可以做自己热爱的音乐……虽然每天的工作都很忙碌，但所有这些，都让她充满了知足感和安定感。

知足就是人生的一种心态、一种境界、一种品格，如樊桐舟这样，常怀一颗知足之心生活，人生自然处处欢乐不断，心灵自然安定祥和。

知足常乐正是要我们用从容的心态去对待宠辱、得失。人的内心安不安定其实是一种心态，是我们可以调控的。或许有的人生活很优裕，却总是不安定、踏实；而有的人生活得很艰难困苦，却觉得知足而快乐。

我们的一生，是为了自己而活着而不是别人，所以不要将自己束缚在攀比的牢笼中，为世俗的纷扰所困，而应以从容的心态去面对生活中的一切，心态放平和了，人自然也就变得大气且知足，能珍惜自己已经拥有的东西，那时，如意、幸福、安定的生活便不再是童话，而是我们每天都能享受到的真真切切的现实。

第5章　世界如此美妙，不应如此烦躁

美国的一位心理专家说："我们的恼怒有80%是自己造成的。"而他把防止恼怒的方法归结为这样的话："请冷静下来！要承认生活是不公正的。任何人都不是完美的。任何事情都不会按计划进行。"哲人也说，太阳底下所有的痛苦，有的可以解决，有的则不能，如有就去寻找，如无就忘掉它。我们都知道，天有不测风云，人有旦夕祸福，但无论我们遇到了什么，我们都要学会调整自己的心态，凡事淡然，而不是一遇到事就发脾气，当我们学会了驾驭自己的脾气时，幸福也就会随之将至。

与其生气，不如争气

人活于世，我们都希望获得良好的人际关系，都希望与周围的人和谐相处，但事实上，我们不能做到让每个人都喜欢我们，甚至让我们感到无奈的是，无论我们怎么做，似乎总有一些人嘲笑、鄙视、伤害我们，此时，我们不必与之争论，而应该在内心激励自己：与其生气不如争气，为了证明自己，为了赢回尊严，一定要努力。你要明白的是，尊严是你自己享用的精神产品，每个人的尊严都是属于他自己的，你自己认为自己有尊

严，你就有尊严。所以，如果有人伤害你的感情、你的尊严，你要不为所动。你不死守你的尊严，就没有人能伤害你。

的确，他人侮辱、轻视我们，那并不意味着自己的价值毫无存在。别人看轻了自己，没有关系，只要我们自己看重就行了。一个人如果总是患得患失，太注重别人的态度，并将自己的得失建立在别人的言行上，那又怎么静下心来充实自我呢?

约翰是个很勤奋的小伙子，在获得企业管理的硕士学位后，他就在一家国际性的化学公司工作。因为学历相当，刚进公司，他就被安排在了管理层的职位上，这令很多人不满意，尤其是那些和他年纪相当的小伙子们，因为他们还在基层摸爬滚打，为了服众，约翰请求也从基层做起，这令上司很欣赏。

但约翰并不聪明，甚至是笨拙的，在很多业务问题上，他总是做得很慢。约翰的迟钝是明显的，为此，他的上司也开始为他着急："抓紧点，约翰，动作快一些！"

然而，约翰的速度似乎还是那么慢条斯理，永远都不着急。看到约翰蜗牛般的速度，人们开始不满，并用各种语言嘲笑他："如果约翰去当邮递员的话，那么，我们永远别指望收到东西了。"

即使他们这样说，约翰也没有生气，也没有说任何话，而是还按照自己的进度工作、学习。

就这样，约翰来公司也已经半年了。此时，公司决定举行一场专业知识和业务能力考试，而第一名将会被选拔为公司储备干部。

令大家奇怪的是，平时少言寡语、工作速度缓慢的约翰却一举夺得了第一名，此时，他们才明白，做得多才是成功的硬道理。

这个案例中的约翰工作慢条斯理、不缓不慢，看似愚笨，甚至被对手嘲笑，但他并不生气，也不与之辩驳，而是拿行动来证明自己才是最优秀的，这是一种值得我们学习的精神。

的确，我们活在这个世界上，首要目标就是为了实现自己的价值，而并不是为了求得所有人的认同甚至拥护。在我们身边，每个人的思维和行为方式都不一样，总会有一些人跟自己合不来，他们有可能会对我们的言

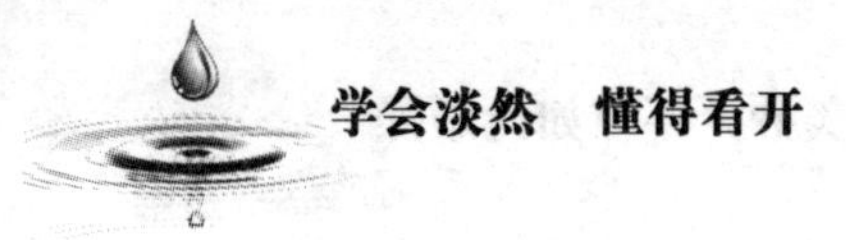

行进行冷嘲热讽甚至侮辱，其实这都是极为正常的。因为在这个世界，任何人都不可能赢得所有人的心，在我们的朋友圈子以外，总会有那么几个人，心生嫉妒，不怀好意地望着我们。不论我们怎么努力，都不可能让所有的人都成为自己的朋友。

在这样的情况下，我们需要忍耐那些非朋友的冷嘲热讽，在忍耐中变得淡然。既然他丝毫不会理解你，至于他的冷嘲热讽对你而言，也是毫无意义的，就好像是盘旋在头顶上的嗡嗡叫的苍蝇一样。对此，我们根本没有必要花很多时间和精力去悲伤或是愤怒，赢得好人缘固然是一种幸运，但有时候我们内心仅满足“得一知己”。这样想来，对其他人的冷嘲热讽，我们就没有必要为之生气，而是淡然笑之，在忍耐中修炼自己，淡定从容，努力实现自我的人生价值。

一个人如果总是患得患失，太注重别人的态度，并将自己的得失建立在别人的言行上，那自己怎么会开心呢？对于自己的所作所为，别人要是嘲讽，那就让他嘲讽好了，又何必在乎一个自己原本不在乎的人所说的话呢？如果对方没看清楚事实，那根本就是这个人的损失，与自己无关。我们应该学会忍耐，并在忍耐中看淡那些所谓的冷嘲热讽。

其实，退一万步讲，你遭到他人的恶语攻击也是有一定的原因的，那些受人攻击的往往都是那些任重道远的人。这种情况几乎在每个行业都一样，它正说明了你的价值所在。从这个角度考虑，我们更没有必要生气了。

总之，事实是击败任何不实言论的最好武器，受到别人的嘲讽，我们不需要与之争论，而应该淡然处之，然后努力奋斗，最终，那些嘲讽的言辞将会不攻自破。

笑对风雨，永葆心灵晴空

的确，红尘滚滚，荆棘丛生，人生的道路曲折而漫长。生命之旅不会

一帆风顺，总会出现一些风风雨雨，我们总会因此而感到痛苦、不如意，乃至悲伤。如何面对人生的风雨？美国大诗人朗弗罗曾说：“乌云后面依然是灿烂的晴天。”这句话告诉我们，人生路上，不管遇到什么，都要乐观面对，积极阳光的心态会为我们带来好运，才有获取成功的希望。

有一天，在某个公交站牌处，一个小女孩和妈妈起了争执。

小女孩有点生气地对妈妈说：“我就要去海边玩，为什么你不让我去！”

妈妈劝她：“不是早说过了吗，今天出太阳了咱就去，但今天没有出太阳啊，而且天气预报说还可能要下雨呢，还是改天再去吧。”

“妈妈骗我，今天出太阳了……”

妈妈笑了起来，问道：“哪里有啊，不要骗人，你说说，太阳到底在哪儿。”

小女孩抬起头来，东看看西瞧瞧，然后指着天空喊：“那不是在那儿嘛。”

“没有啊，那只是乌云而已呀。”

“对呀！”没想到，小女孩一副非常认真的样子，“太阳就躲在乌云的后面呢，等一会儿乌云一走开，不就出来了吗？”

听到小女孩的话，所有等车的人都笑了。

对于积极的人类来说，太阳每天都在天空中，虽然有的时候我们看不见它，那是因为它正躲在云的后面，而乌云总有散开的时候，就如人生总有诸多的幸福会接踵而来一样。

生活中的人们，乌云密布的时候，你是怎样看待的呢？如果你也能看到乌云后的太阳，那么，你也就是个积极的人。这样，在未来荆棘密布的人生道路上，无论命运把你抛向任何险恶的境地，你都能做大积极面对，毫不畏惧！

1985年9月19日清晨7时19分，墨西哥西南岸外太平洋底发生8.1级强震，震波约2分钟到达墨西哥城。顿时，该城整个大地突然剧烈颤动，仅仅90秒钟的时间，市中心30%的建筑物便化为瓦砾。在这次地震前的几小时，可爱的胡安娜·哈斯敏·阿利亚斯出生了，在那场灾难中，她失去了妈妈，但同时她又很幸运，她是当年警察和士兵们从墨西哥城华雷斯医院废墟里救出的第一个孩子。

爸爸因为无法承受失去妻子的痛苦而和年幼的胡安娜疏远。一直以来，她都住在自己的姨妈家中。但当别人问胡安娜“那场灾难让你失去了母亲，你有什么想法？”时，胡安娜并不会觉得又一次被触碰了伤疤，她从没觉得自己和身边的其他人有什么不一样。对她而言，抚养她长大的姨妈给了自己全部的爱，她就和母亲一样。妈妈能给予的，姨妈也毫无保留地给予了她。

长大后，胡安娜接受了墨西哥城特意成立的一个专门的心理医生小组的治疗，积极的心理治疗让胡安娜跨过了那道艰难的坎。

胡安娜说，正因为知道自己能活下来就是生命的奇迹，所以她要做的就是“朝前看”。现在的胡安娜已经结束了在墨西哥工业技术研究和服务中心的时尚设计课程，她希望在政府专项帮助“奇迹婴儿”的项目资金的支持下，再去学习英语，并上完大学课程。

的确，胡安娜的心态是值得很多人学习的，灾难已经发生，就不要再回首，当你回头往后看那个绊倒你的坎时，你又会想起以前的不幸经历，之前的伤疤又会被重新揭开，隐隐作痛。把头抬起来，天空依然星光灿烂。苦难有时会置人于死地或让人颓废，但有时也会使人焕发巨大的潜能，快速地成长。

莎士比亚说过：“聪明的人永远不会坐在那里为自己的损失而哀叹。他们会用情感去寻找办法来弥补自己的损失。”毛主席曾赠柳亚子诗曰；“牢骚太盛防断肠，风物长宜放眼量。”意思是说对待困惑，眼睛要看得远，心要想得开，做到不疑不愁不怒，豁达乐观。这样才能烟消云散，天高地阔，去迎接生活的每一天。

总之，生活中的人们，无论在生活中遇到什么，你都要乐观，抛却那些伤心的往事，抛却那些失败后的懊恼吧，若想开心生活，就必须勇于忘却过去的不幸，重新开始新的生活。

人气我不气，我气中他计

我们深知，社交生活中，尤其是利益敌对的两方，谁先暴露自己，谁就先偃旗息鼓而败退。要想克敌制胜，就必须让对方摸不清虚实，但很多时候，对方会采取一些扰乱你情绪的方法，比如激怒你，对此，你必须控制自己的情绪，泰山崩于前而面不改色，在无法了解你的真实意向的情况下，他们往往不会轻举妄动，此时，他们就被你“算计”了。

然而，人都是情绪化的动物，都容易被周围的人和事所影响，但如果你能看到生气的后果，便能将愤怒的情绪压制住而不至于产生不良影响。

公元1661年，年仅8岁的爱新觉罗·玄烨被推上龙座，他就是后来万世敬仰的康熙大帝。

玄烨即位之时，尚且年幼，必须由祖母孝庄太后悉心培养。当时，令清朝宫廷最头疼的问题是鳌拜，他自恃自己是小皇帝的辅政大臣，在朝中，结党营私，玩弄权术，骄横跋扈，不把小康熙放在眼里，连孝庄太后也只好隐忍。当时，年轻气盛的康熙曾几次想把鳌拜绳之以法，但他知道自己与鳌拜还是实力相差很大，于是，只好先隐忍。因此，康熙把怨气与怒气埋在心里，一直积蓄力量。

终于，康熙皇帝在年满16周岁时，也就是1669年，他发动攻势，一举剿灭了鳌拜一伙。之后，他又平定“三藩”，收复台湾，击退沙皇俄国的入侵，开创了一代盛世。康熙成为了我国清朝时期著名的皇帝。他在位时，清朝的政治逐渐稳定，国力逐渐强大。

康熙帝当时还是一个年幼的男孩，但如果当时他不是用理智战胜了愤怒，把怨气压了八年，恐怕早就被鳌拜害死了，哪里还有后来的“康乾盛世”？

历史上，这样能委曲求全的人，着实不少，越王勾践也是如此，懂得克制自己，为了大局考虑，这才是真正的智慧，逞一时之快，发泄了自己的不满于愤怒，更好中了对手的圈套，过早将自己的底牌亮出来，往往会在以后的交战中失败。

的确，一个理智、有修养的人不管遇到什么事情，不管别人如何“挑衅”，都会保持自己优雅的本色和清醒的头脑，会让理智驾驭自己的情绪，体现自己的大家风范。而相反的是，在怒火中燃烧的你，是否曾发现自己正中了别人的圈套而悔不当初呢？现实生活中，尤其是与人交涉的过程中，如果不学会控制自己的情绪，很容易暴露自己，而让对方看出你的破绽，采取相应的取胜措施。因此，控制自己的情绪，制造神秘感，是我们为人处世必须学会的一种能力。

可见，生活中，我们要懂得让步，低调处之，不可四处张扬，更要克制自己的情绪，让对方摸不着虚实，然后伺机而动，给对方来个措手不及，这往往积累实力，最后不断走向强盛、扩展势力再反过来使对手屈服的一条有用的妙计。

当然，谁都有脾气，只是我们不能因为自己的脾气而暴露自己，让对手有机可乘，那么，你就应该掌握一些控制自我愤怒情绪的方法：

首先，你要先冷却情绪。

在气头上，你很容易就会被冲昏了头，而走上情绪的不归路，因此首要之务就是得先为自己的情绪降温，这话说来容易，该怎么做到呢？

有几个好方法，首先不妨先试试“数数法”，不过不是从一数到十（这么做并不会启动理性中枢），而是该这么数（1、4、7、10……），这样一来，你的理性思考能力就可渐渐恢复了。

此外还有一个极佳的妙方：例如，“一、这个茶杯是黄色的……。二、他穿的毛衣是黑色的……”，数十至十二项物体的颜色，之后你会发现自己冷静多了。

其次，你要学会替换非理性的“自发性念头”。

要想控制自己的愤怒情绪，我们就必须深切地了解到，真正导致你我情绪反应的，其实是我们的想法，而不是别人的行为。换句话说，不是发生了什么事，而是我们如何解释事件，才会决定产生的情绪。

例如，你可以告诉自己：“我知道我的能力是极佳的，不会因为你一句话而影响我！”这样自我暗示，愤怒自然就无处可生，而会被其他情绪所替代了。

最后，你可以使用建设性的内心对话。

既然想法是导致情绪的主因，容易动怒的人就应该加强内心的想法，准备一些建设性的念头以备不时之需。

例如："不论如何，我都要平静地说，慢慢地说。""我才不会生气，生气就等于暴露了自己"等。

当你能熟练运用这些灭火步骤时，你就会发现，无论与你交往的人如何激怒你，你都能平心静气地面对，也不会中了对手的圈套。

嫉妒之心会噬食你自己

我们都知道，人是生活在一定的社会环境下的，在与人打交道的过程中，就会不自觉地与周边的人比较，比较之下，就容易产生嫉妒心理。诚然，我们应该肯定好胜心会给我们带来前进的动力。美国著名心理学家布鲁纳曾经指出，好胜的内驱力可以激发人的成就欲望。但如果不能正确地认识竞争就会导致我们在相互的竞争中产生嫉妒心理。嫉妒过于强烈，任其发展，则会形成一种扭曲的心理：心胸狭窄，喜欢看到别人不如自己，并喜欢通过排挤他人来取得成功。

有这样一则寓言故事：

古时候有个陶匠，他非常妒忌油刷匠。于是他去跟皇帝说，请皇帝派油刷匠把大象洗干净吧，他可以洗成白色的。皇帝就让油刷匠去把大象洗成白色。油刷匠说，我可以把大象洗成白色，但我需要一个大缸，好把大象放进去洗。于是陶匠就不得不领命去做大缸。但是大象太重了，每当大象踏进那缸，缸就马上碎掉。于是陶匠一次又一次做大缸，不停地做大缸……

看完这则寓言故事，我们不免嘲笑愚笨的陶匠，但其实我们人类何尝不是如此呢？很多时候，一些人因为怒烧的妒火而做出了害人害己的事。

日本《广辞苑》为嫉妒下的定义是："嫉妒是在看到他人的卓越之

处以后产生的羡慕、烦恼和痛苦。”要知道，嫉妒之心会毁坏友谊，损害人际关系，甚至毁灭生活的安逸。其实，嫉妒心理普遍存在人类社会中，你是否曾经有这种感觉，当你和比自己优秀、比自己强的朋友相处时，会产生心理不平衡——“和她做朋友，感觉自己像个小丑一样，简直是她的附属品”呢？如果你的内心充满嫉妒，那么，这样的友谊，表面上还相安无事，但你的内心已经开始有一块阴云笼罩着，一旦出现一些小事，就一触即发。两人之间的友谊会消失得越来越快。实际上，绝对的公平并不存在，如果你不能清除这种不平衡心理，你就不能以一种轻松的心态去面对你的朋友。

面对嫉妒心理，我们要结合自己的实际情况，找出克服嫉妒心理的对策，并有意识地提高自己的思想修养水平，这是消除和化解嫉妒心理的直接对策。

要克服嫉妒心理，你可以这样做：

1. 评价自己要客观

当嫉妒心理萌发时，或是有一定表现时，如果我们能冷静地分析自己的想法和行为，同时客观地评价一下自己，找出一定的差距和问题，也就能积极地调整自己的意识，控制动机和情绪了。

2. 看到别人的优点

以这样的心态面对比自己优秀的朋友，不仅能学会用客观的眼光看自己和对方，也能弥补自己的不足，这样，就不至于为一点小事钻牛角尖，还能交到帮助自己成长的真正朋友。

3. 待人友善

对于青春期的你来说，人际交往在你的心理健康发展中非常重要，通过与人交往，你不仅能感受到关爱，还能通过他人的评价，及时地改正自己的不足，并且还能督促自己成长。同时，这对排解内心里的嫉妒心理也非常有利。

4. 学会接纳自己和完善自己

任何人都不可能十全十美，当然也不会一无是处。因此，你有必要接纳自己并完善自己。所谓的接纳自己，就是既能看到自己的不足，又能看

到自己的优点，然后继续发扬自己的优点，改正自己的缺点。当然，你要相信自己是有价值的人，从而全力以赴地去实现自己的价值。

5. 让快乐治愈心灵

你要善于从生活中寻找快乐，就像嫉妒者随时随处为自己寻找痛苦一样。如果一个人总是想：比起别人可能得到的欢乐来，我的那一点快乐算得了什么呢？那么他就会永远陷于痛苦之中，陷于嫉妒之中。

6. 适度宣泄

嫉妒心理也是一种痛苦的心理，当还没有发展到严重程度时，用各种感情的宣泄来舒缓一下是相当必要的，可以说是一种顺坡下驴的好方式。我们可以采取向好朋友和亲人等，把心中的不快痛痛快快地说个够，暂求心理的平衡，然后由亲友适时地进行一番开导。

总之，嫉妒是一把利剑，这把利剑不仅可能会伤到别人，还会伤害自己。它刺向自己的心灵深处，伤害的是自己的快乐和幸播。俗话说：“人比人，气死人。”人们在没有原则、没有意义的盲目比较中，心理失衡，引发嫉妒之心，而如果你能放下比较给你带来的枷锁，活出不一样的自我，那么，快乐就会如影随形。

冲动之气蒙蔽了你的心

我们知道，人非草木孰能无情，人都是有情绪的。我们的心情的好坏常常会被周围的一些人和事影响，有些人甚至是情绪化的，他们的情绪似乎总是不受自己控制，于是，他们起伏于这种恶性失衡之中，常常陷入自相矛盾的境地，失去了正确的判断力，而那些成功者则能做到自控，无论外界怎么变幻，他们总是能以理智的心态面对，有着很强的自律能力。

有这样一个故事：

曾经，一个经验丰富的高级间谍被敌军抓住了，他立即想到，要想逃脱，就必须装聋作哑。当然，敌军也怀疑他是否真的不会说话。于是，他们开始运用各种方法盘问他，无论是诱惑还是欺骗，他都不为所动。于是，到最后，敌军审判官只好说："好吧，看起来我从你这里问不出任何东西，你可以走了。"

这个间谍当然心里明白，这只不过是审判官检验他是否真说谎的一个方法而已。因为一个人在获得自由的情况下，内心的喜悦往往是抑制不住的，如果他此时听到审判官的话后立即表现出很愉快或者激动起来，那么，证明他听得到审判官的话，那么，他就不打自招了。因此，他还是站在原地，仿佛审问还在进行。最后，这名审判官不得不相信，他真的不是间谍。

就这样，有经验的间谍，以他特有的自制力，保存下来了生命。

看完这个故事，我们不得不惊叹，多么精明的间谍。俗话说：态度决定一切。一个人的情绪糟糕，容易冲动，往往会把一切事情都办糟糕。即使遇到了好事和良机，也会因为不良的情绪，使自己产生出无形的压力，使自己的能力无法充分发挥，错过这些机遇。

生活中的人们，也要记住，在任何时候，冲动都是我们最大的敌人。如果忍耐能化解不该发生的冲突，这样的忍耐永远是值得的。

相传，勾践战败后，他接受了大臣文仲的建议，收买了吴国太宰伯丕，向夫差称臣纳贡求降，越王和王后到吴国给夫差为奴做妾。夫差答应了，却在吴国对勾践夫妻极尽羞辱，勾践在夫差面前一副感恩戴德、五体投地的奴才相，嘴里还感激夫差不计前嫌以德报怨，宽宏仁慈。勾践在夫差面前表现得十分恭敬，称自己为贱臣，小心翼翼，百依百顺。夫差要上马，勾践就跪下来让夫差踏在自己的背上。夫差生病了，勾践在夫差面前寝食难安，问病尝粪，嘴里一边吃着夫差的大便，还一边说出自己的忠诚之志："恭喜大王，大王的病就快好了。"

就这样，勾践以自己的忠诚打动了夫差，终于夫差下令让勾践回到越国。勾践回到越国之后，立志要报仇雪恨，他唯恐眼前的安逸消磨了自己的志气，于是在吃饭的地方挂上一个苦胆，每逢吃饭的时候，就先尝尝苦味，并问自己："你忘了会稽的耻辱了吗？"他还把席子撤去，用柴草当作褥子，这就是后人一直传诵的"卧薪尝胆"。

在吴王夫差面前，勾践简直跟奴才差不多，甚至比奴才更卑贱，不仅受到了夫差的百般侮辱，而且嘴里还感激夫差不计前嫌以德报怨，并自称“贱臣”。这样的姿态，比委曲求全更甚，自己所受的侮辱和苦难那不是普通人能及的，但勾践都一一忍耐了过来。其实，他之所以在夫差面前百般受辱，那是为了赢得夫差的信任，这样自己就可以早日回到越国去施行复国大计。那看似的委曲求全，实则是一个计谋，勾践早已经将整个计划运筹帷幄于手掌之间。于是，这才有了后面“勾践灭吴”的故事。

同样，在我们的生活中，也难免会遇上各种各样的事情，一遇到事情的时候可能也都会冲动，而做出一些自己都不知道该不该做的事情，因此也就会产生许许多多的埋怨！在不管遇到什么事情的情况下，都冷静地让自己思考一下，哪怕只是短短的几秒钟，也许结果完全不一样了！

总之，人生漫漫，你不要让自己输在心态上。心态决定人生，也决定了人的生活方式，懂得自制，能控制自己的情绪，就会控制由冲动带来的一系列恶性循环。

脾气没了，福气有了

生活中，我们每个人所渴望的无非就是幸福，然而什么是幸福呢？其实，幸福很简单，它就是父母为你准备的热腾腾的饭菜，它就是恋人的一句耳边私语，它就是雨后的彩虹，就是一个笑话……幸福往往就是那些我们容易忽视的感受，需要我们用心感知。然而，我们生活的周围，人们似乎总是感知不到幸福的存在：他们有的整日愁眉苦脸，小小的事情就能使自己不安、紧张，几乎每一件事情，都会在心中盘踞很久，造成坏心情，影响生活和工作；有的脾气暴躁，一点小事就会触及他的神经，甚至与人怒目相向；有的总是不断抱怨生活，抱怨工作太辛苦、薪水太低；有的心眼如针，一旦发现他人犯错，便大加指责，咄咄逼人，引起别人的憎恶……这些人幸福吗？当然不！那么，他们为什么不幸福，因为坏脾气干扰了他们！因此，如果你渴望抓住幸福，那么，首先就应该学会控制自己的坏脾气，只有做到凡事淡然，待人处事不温不火，才能以一颗平和的心态迎接幸福，也许这也就是人们常说的“脾气没了，福气有了”。

有三个人要被关进监狱3年，监狱长满足他们每人一个要求，美国人爱抽雪茄，要了三箱雪茄，法国人最浪漫，要一个美丽的女子相伴，而犹太人说，他要一部与外界沟通的电话。3年后，第一个冲出来的是美国人，嘴里鼻孔里塞满了雪茄，大喊：给我火，给我火！原来他忘了要火。接着出来的是法国人，已经孩子成群。最后出来的是犹太人，他紧紧握住监狱长的手说：“这3年来我每天与外界联系，我的生意不但没有停顿，反而增长了200%，为表感谢，我送你一辆劳斯莱斯！”

纳粹德国集中营的幸存者维克托·弗兰克尔说：“在任何特定的环境中，人们还有一种最后的自由，就是选择自己的态度。”

然而，现实生活中，却有一些人特别容易情绪化，遇喜则喜，遇悲则悲，如遇不满，甚至破口大骂，很多不文明的举动相继爆发出来，形象全无。事实上，日常工作和生活中，令我们生气的事实在太多，我们根本不必要去愤怒，我们大可以把关注的视角放在事物的另外一个方面，对这一方面的联想往往能使我们心平气和下来，长此以往，你便能修炼良好的心性。而所谓的心性，其实就是一个人的善恶成分，好与坏，正确与错误，如何判断自我与外界关系的一种综合反映。

事实上，心性好坏与否，对于他人而言，所产生的影响力倒是次要的，它最严重的是对个人心态的影响。而个人心态直接影响的是个人的命运、成败得失、是否幸福等。

心性健康的人，他们的眼里都是美好的事物，比如阳光、欢乐、温暖、健康，当他们遇到危险的时候，他们会有回避的能力，因此，他们有意愿并且有能力把日子过得顺心，就是遇到挫折，也能自我调整，能较自然地处在一种对事物的全面理解中。相反，那些心性不好的人，很明显，因为他们关注的视角不同，他们的生活是不幸福的。

当然，每个人都有不良的情绪，这很正常，我们不要把这些情绪压抑在心中，因为一味地压抑心中不快，只能暂时解决问题，负面情绪并不

会消失，久而久之，就可能填满我们的内心世界，使我们的身心越来越疲惫。因此，除了自我调节和消化外，我们还应该给不良情绪找个宣泄的出口，让它尽快释放出来，正所谓“堵不如疏”，将负面情绪减小到最低程度。但释放自己的情绪，我们一定要注意你的发泄是否会影响到他人。因此，最好的方法就是到一个无人的地方大喊几声，或者去从事一些体力劳动，去操场锻炼身体，当你的这些心理压力通过身体上的能量转换成汗水以后，你会发现，你的心情会好很多，气也就顺些了。当你生气的时候，你也可以拿出你的小镜子，看看生气时候的你是多么难看，那么，不如笑笑，我笑，镜中也笑，苦中作它几次乐，怨恨、愁苦、恼怒也就没有了。

另外，通常来说，人们可能会认为，一个坚强的人就应该始终不能哭，哭是懦弱的，而其实并不是如此，在过度痛苦和悲伤时，哭也不失为一种排解不良情绪的有效办法。哭不仅可以释放身体内的毒素，还能释放能量，调整机体平衡。在亲人和挚友面前痛哭，是一种真实感情的爆发，大哭一场，痛苦和悲伤的情绪就减少了许多，心情就会痛快多了。流眼泪并非懦弱的表示。所以你该哭当哭，该笑当笑，但要把握好一个度，否则会走向反面。

总之，我们一定要学会修炼自己的心性，让自己拥有好脾气，当你能淡然面对周遭的一切事物时，好福气也就离你不远了。

不要让忧郁占据你的心灵

生活中有很多让我们不顺心的事儿，我们可以以积极的方式发泄，但不要把这些事积压在心里，水满则溢，心事多了，你的心灵就会被忧郁占据，你还有什么快乐可言？更严重的，会出现心理阴影。梭罗有句诗：以前我只有眼睛，现在我有了视力；以前我只有耳朵，现在我有了听觉。做一个有视力和有听觉的人，人事纷繁，但我们要努力保有一颗清澈的心灵，时常将自己的心灵中的忧郁清除，我们就会快乐。

很多人的忧郁心情是因为没有用心去感受生活，会觉得生活索然无味，世界那么不公平。只要有心，你就会发现生活的美。放下忧郁，走出忧郁，你才能感觉这个世界的美好。

有个高中生叫张宁，正面临高考的他却陷入了抑郁之中。

“人最终是会死的，我所做的任何事情都没有意义，还不如现在就死了。”近半年来，他就一直被这种可怕的想法困扰着。以前喜欢运动的他，现在对任何事情都没有兴趣，甚至有轻生之念。

而对于家人考前的关心和照料，他也麻木了，父亲为了他的事经常奔波着，姐姐也经常打电话给他鼓励他，他的母亲发现了儿子的这种变化，把他带到了医院，原来他已经患了抑郁症。在治疗中，医生发现，原来几年前他就开始抑郁，但没有在意，经治疗，他终于摆脱了这种轻生的念头。

这样一个性格并不内向的男孩年纪轻轻就有轻生之念，归根结底，是他没有及时化解很小的心理忧郁问题，导致焦虑越积越严重，最终到了他不能承受的地步。因此，我们一定要在处于萌芽状态的它“斩草除根”，不然危害就会很大。

我们要走出抑郁的情绪，生活中的很多不顺心，我们要大事化小，别把问题放大，其实生活有它美好的一面。

一女孩在跟她的爱人结婚后，渐渐发现爱人身上原来有那么多缺点，全然不似结婚前那般无可挑剔，一天，在两个人又为一件小事生了气之后，女孩愤然跑回娘家。在家里，女孩的父亲找来一张白纸，用钢笔在上面画了一些黑点，问她：这是什么？答：黑点。父亲说：你再仔细看看这是什么？女孩看了半天，答：还是黑点。父亲说：你错了，你拥有的本是一张白纸，可是你只注意到了这上面的几个黑点而忽视了整张白纸的存在。女孩恍然大悟，此后，她和丈夫的生活过得平静而快乐。

的确，生活中的美好是占大部分的，可是因为我们放大那一点点瑕疵，只看到不美好，于是你的心情也随之抑郁了。

忧郁的人一般还会出现孤独、寂寞的心理，因为他们把自己尘封起来，不愿意接触身边的人和事，整日在自己的小世界里生存，生活自然也

无意义。而如何快乐，就是应该放下忧郁，打开自己的心灵，发现自然的美好，发现生活的美好。

他们是包办婚姻，婆婆看上的是她的勤快和姣好的面容，从多方面取证，婆婆是如愿娶了一位称心的媳妇。她出身小商贩家庭，念书念到高中毕业，但是因为"文化大革命，并没有念好书，还抵不得小学毕业的丈夫；他是一位受儒教影响至深，却因为政治原因不得不很早就放弃学业的时代牺牲品，脾性古怪而且非常大男人主义，但他在孩子眼里却有着非比寻常的智慧。

他们的出身、政治文化背景的迥异，造成了一辈子难以融合；她如今抱怨最多的就是他，老账新账一直在那翻，孩子们的劝解毫无作用，她是心伤得太重，积怨太久。她一直对孩子们哭述自己的故事："生第一个孩子才5天，你爸爸就跑去河南出差，月子里我挑水做饭洗衣服，带孩子，所以现在一身病痛；生第二个孩子，大的小的一块病了，你爸爸只管上班，一句话都不会说，要不我们命大，早就死了，你爸爸心狠啊；你爸爸欺负了我一辈子，嫌我娘家没文化；你爸爸从来都不叫我的名字，我在这个家是没名没姓；你爸爸年轻的时候对我太过分，现在老了，他知道要和我好，晚了，我不会称他的心的，现在我也什么都做不了，轮到他做了。"对于这桩婚姻，她从来也没有满意过。她说如果当年不是两家老人的强迫，她是不会嫁给他的。

而如今，她身体不好，患很严重的颈椎病，关节肿痛，抑郁心情让她又患了甲亢。而平时的她除了在家看电视以外，从来不出门。社区的老人都不知道还有这样一个邻居。对此，她的孩子们很担心。

她应该宽心了，孩子们幸福，全家人身体健健康康，过去尘封的往事何必再去提起？和丈夫好歹也是一辈子了，何必抑郁？没有朋友，没有乐趣，抑郁的她患上了甲亢。其实，迟到的幸福也是幸福。晚年的他不是也在为这个家分担了吗？她为什么没有想到这个呢？

我们要乐观地对待周围的人和事物，不苟求完美，不钻牛角尖，学会换位思考和妥协忍让，碰到难题时不怨天尤人，而是想办法去解决它，不让自己纠缠在某件事中不能脱身，放下抑郁的情绪，树立自信心，从而达到真正的快乐。

跟自暴自弃说再见

每个人都有脆弱的一面，碰到不同的事会有不同的情绪。面对离别会伤心，面对痛苦会哭泣，面对失败会情绪低落。就失败后的情绪而言，情绪的低落很正常，这是一种精神的缓冲，但你应该尽快从这种情绪中走出来，不要长时间的低落，这样就成了自暴自弃。假如你自己都放弃了，谁还会给你机会？

自暴自弃者，就是自己不相信自己，认为命运坎坷多磨，不愿意奋斗，不愿挑战命运，而是沉浸在逆境中惶惶不可终日。试想，以这样一种情绪对待生活，生活怎么会精彩？聪明的人对于情绪知道取舍，斟酌其利害，会对自暴自弃说再见，不会让这样的坏情绪破坏自己对希望的追求。

那么面对逆境，除了自暴自弃外，我们到底应该怎么样面对呢？

小丽对她的父亲抱怨她的生活，她感觉生活和工作都很不容易，即使努力一百次，还总是失败。她不知该如何应付生活，想要自暴自弃了。她已厌倦抗争和奋斗，好像一个问题刚解决，新的问题就又出现了。

她的父亲是位厨师，他把她带进厨房。他先往三只锅里倒入一些水，然后把它们放在旺火上烧。不久锅里的水烧开了。他往一只锅里放些胡萝卜，第二只锅里放只鸡蛋，最后一只锅里放入碾成粉末状的咖啡豆。他将它们放入开水中煮，一句话也没有说。

女儿咂咂嘴，不耐烦地等待着，纳闷父亲在做什么。大约20分钟后，他把火闭了，把胡萝卜捞出来放入一个碗内，把鸡蛋捞出来放入另一个碗内，然后又把咖啡舀到一个杯子里。做完这些后，他才转过身问女儿：“亲爱的，你看见什么了？”“胡萝卜、鸡蛋、咖啡。”她回答。

他让她靠近些并让她用手摸摸胡萝卜。她摸了摸，注意到它们变软了。父亲又让女儿拿一只鸡蛋并打破它，将壳剥掉后，她看到了煮熟的鸡蛋。最后，他让她喝了咖啡。品尝到香浓的咖啡，女儿笑了。她怯生生问道：“父亲，这意味着什么？”

他解释说，这三样东西面临同样的逆境——煮沸的开水，但其反应

各不相同。胡萝卜入锅之前是强壮的、结实的、毫不示弱，但进入开水之后，它变软了，变弱了。鸡蛋原来是易碎的，它薄薄的外壳保护着它呈液体的内脏。但是经开水一煮，它的内脏变硬了。而粉状咖啡豆则很独特，进入沸水之后，它们倒改变了水。“哪个是你呢？”他问女儿。“当逆境找上门来时，你该如何反应？你是胡萝卜，是鸡蛋，还是咖啡豆？”

生活中的困境就好比这煮沸的开水，而我们不能如胡萝卜，在困境面前软弱，自暴自弃，而应该同鸡蛋和咖啡豆一样，改变逆境，让自己强大。

逆境给予我们的，除了逆境本身，还有改变逆境的勇气，自暴自弃是软弱者的表现，放下它，勇于突破逆境、突破自我，才能成功。

很多人都吃过可口的“湾仔码头”水饺，却很少人知道这背后的充满泪水和艰辛铸就的故事。故事的女主人公臧健和，1945年出生于青岛市。1977年她带着两个年幼的女儿因为意外被迫停留在香港，开始以打短工、摆小摊谋生。1985年她开办了北京水饺厂，1999年被选为首届香港女企业家，2000年4月获第四届世界女企业家奖。

臧健和的丈夫是泰籍华人，1967年以援华医学人员的身份来到青岛医院，而臧健和就在这家医院当护士，他们在工作的接触中渐渐相爱并结婚了。她的婚姻生活本来是幸福的，可是医学援助结束后，丈夫因为父亲的病逝回了泰国。1977年，就在她和两个孩子飞往泰国准备一家团聚时，她得知了一个确切的消息：丈夫在允许一夫多妻的泰国又娶了妻子，因为臧健和生的两个都是女儿！这真是一个晴天霹雳！臧健和觉得自己从幸福的顶峰跌到了痛苦的谷底。她无法容忍这样的生活，于是她决定带着两个女儿过，可是又不能回山东，这样会被父老乡亲笑话，于是，她决定留在香港打工！她租下一间4平方米的房子，接受了命运的严峻挑战。

为养活两个女儿，臧健和每天打三份工，一天最少也要干上16个小时。有一份工作是剪线头，一天可以赚10元钱。

后来，她还被查出患了糖尿病，生活似乎完全失去了希望，可是她没有自暴自弃。臧健和不停想着未来的出路。一次她来医院探望她的朋友，一个朋友开玩笑似的说了一句：你做的饺子那么好吃，就卖饺子吧。臧健

和似乎在黑暗中看到一丝曙光，可想想她又泄气了：“我哪有钱开铺子啊？”朋友就怂恿她说：“没有钱开铺子，可以推车上街上卖啊！”

就这样，当她卖出第一碗饺子的时候，她异常开心。虽然，在她成功的过程中遇见了很多痛苦，但为了孩子，她坚强地挺过来了。

臧健和凭借自己的努力、自己的诚信、自己对人生的真情投入，她的水饺不仅大受欢迎，还被日本一家批发公司看中。在与批发商的合作中，她的经营走上了合法的道路，这条道路让她直驱亿万富翁的宝座。她将“北京水饺”命名为“湾仔码头”，湾仔码头是她事业艰辛起步的地方，从这里升起了臧健和这颗商业明星。她被媒体誉为“水饺皇后”。

她是个失婚妇女，生活本来给她的是在常人眼里的毁灭——背负抛弃、身处异乡，可是在这么残酷的命运面前，她没有等待命运给自己判死刑，她的精神词典里，没有自暴自弃这个词，最终她不仅走出了命运的阴霾，还成就了自己的事业。

有时候，放下是一种大智慧。强者知道自暴自弃的弊端，他们会及时地和自暴自弃说再见，然后鼓起勇气重新面对生活，如鸡蛋一样在沸水中使自己坚强！

第6章　给心灵松绑，别跟自己过不去

为了生活，我们奔波着；因为渴望幸福，我们努力追求着。人生路漫漫，我们要让自己尽量活得轻松一些，洒脱一些，大度一些。有些不必要的压力和烦恼多是自己给自己添加的，“大度些”“看开些”“放得下”这些都是生活幸福必须做到的重要环节。聪明人要学会放下一些东西，尤其是思想包袱和心理负担。否则就如背着沉重的石头过河，很容易使自己被淹没。有人说：“生活即童话。”其实，能够以放下的心看待生活，生活就有了全新的面貌。

待在暗角的心理的压力

心灵的房间，不打扫就会落满灰尘。时间久了，心灵就会因为这些灰尘变得灰色和迷茫，而压力是心灵灰尘的“主力军”，充斥着我们的心灵空间。我们每天都要经历很多事情，重要的，不重要的，都在心里安家落户。心里的事情一多，就会挤压在心里，然后就造成了心理压力。所以，扫地除尘，及时将心理压力驱逐出心灵，能够使黯然的心变得亮堂；把一些无谓的压力扔掉，快乐就有了更大的空间。

在职场中，心灵压力过大是很多人工作状态不好的主要原因。的确，在这样一个竞争激烈的社会，谁都会有压力，但是面对压力，我们更应该做的是放下心灵的压力，然后转换为动力，不要让它长时间充斥在心中，不要让它成为我们发展的阻力。

陈星的家庭经济情况很不好，但他非常懂事。穷人的孩子早当家，当他满载家人和亲朋好友的希望读高三的时候，他就不断地给自己打气，自我施加压力，不断严格要求自己，甚至严格得有点过分。他每天凌晨睡觉，清晨起床，夜以继日，每当他快要支撑不住的时候，他便想起了他含辛茹苦的父母，想起他的家庭需要他的努力，早一点找到一份收入不错的工作，支撑这个风雨飘摇、岌岌可危的家庭，每当想起这些，他就以惊人的毅力和决心坚持下来！

高考终于结束了，但是，他与他理想的大学失之交臂，他陷入了极度的痛苦与不安中。后来，他只能上了一所并不是自己满意的大学，很长一段时间，他还是久久不能从失败的阴影中走出来。

有一天，他的精神状况终于被一位教授发现了，那个教授把他叫到家里。教授为了解开他的心结，端来一杯水，问他："你认为这杯水有多重？"

他沉默着没说话，接过教授手中的那杯水，教授就让他一直举着这杯水。教授说："这杯水的重量并不重要，重要的是你能举住它多久？举一分钟，一定觉得没问题；举一个小时，可能会觉得手酸；举一天，可能需要叫救护车了。"

教授望了望这位学生，说："其实，这杯水的重量始终是一样的，但是你端得越久，就越会觉得沉重。这就像我们承担的心理压力一样，如果我们一直把压力放在心里，不管时间长短，到最后我们都会觉得压力越来越沉重而无法承担。我们必须做的是，放下这杯水，休息一会之后，再将它端起来，这样我们才能够端得更久。"

"所以，你应该适当放下你的心理压力，这样你才能轻松快乐学习。"后来，陈星在学习中做到张弛有度，学习效率也提高了。

当他走上工作岗位后，也懂得注意方法和技巧。如今他已经成功进入一家大型企业，成为了企业的中流砥柱。

压力，是动力，也是阻力。心理压力过大，就会让你的心负荷不了，最终你会崩溃。工作中，心累才是真的累，放下压力，工作学习中才会有动力、有热情。

在职场中，应该将工作上带来的心理压力及时卸下，及时清除心理垃圾，才有足够的能力挑战新的工作，才能面对新的问题。而相反的是，如果你不能放下心理压力，就会被压得喘不过气来，影响生活和工作。

李雯今年三十岁，还未结婚，她是个容易焦虑、紧张而且内向、敏感的人。她平时虽然自己感觉很压抑，却找不到突破口，总是生闷气。心里难过的时候，也不知道找谁诉说，经常感到自己处于孤立无援的境地。她的这种状况已经不是一朝一夕了。

她属内向型性格，家住农村，有一个弟弟。父母都是老实巴交的农民，知识文化层次较低，但从小对她特别疼爱，有什么要求一般都会予以满足，所以学习和生活一直都比较顺利。在农村生活的日渐熏染下，她在学习上对自己要求很严格，非常勤奋和刻苦。小学和初中成绩一直都非常优秀，被公认为当地的“好学生”。然而高三以来，一件事震惊了大家：那天，同学们都在教室里紧张而匆忙地做着老师发下来的试卷。突然，她“啊”的一声在座位上大叫起来，抱着头冲出了教室。班主任找她谈话，她告诉老师自己实在受不了这种紧张和压抑的气氛，感觉头脑发胀，难受得似乎要发狂一般，并提出想辍学。第二天，当她背着行李回到家时，一向脾性温和的父亲大发雷霆，扬手扇了她一个巴掌，她却并没有哭，把自己关进房里，整整一天都没有出来。后来，她参加工作，一直处在高压力状态下，且不善于交际。回到家也只是一个人，没有知心朋友可倾诉。长时间的心理压力让她有种想逃的感觉，工作逐渐怠慢，也没心情。她请了假，又背上了行李，让心灵放放风。

一段时间后，她回来了，她以一种新的心情和面貌工作着，整个人似乎变了，身边的朋友开始多起来，虽然依旧忙碌，可是并不压抑。

李雯如果没有及时让自己放下心理压力，可能现在她已经崩溃了。其实，压力是自己给自己施加的，只要你尝试着放下压力，你的工作和生活就能轻轻松松。

每个人都渴望成功，可是很多人在追求事业的同时往往以牺牲快乐为代价，而人们也总是认为这二者是冲突的。其实，成功和快乐并不是不能兼得，释放心灵压力是其中的重要部分，放下在很多时候是一种大智慧，放下压力，清除心灵垃圾，你既能快乐，又能积极奋斗，成功的步伐自然轻松很多！

宽恕别人更是解放自己

庄子言：“人生天地之间，若白驹过隙，忽然而已。”既然生年不满百，那为何要让自己的心灵不畅快呢？人生匆匆，我们没必要用别人的错误折磨自己，试问谁人没有错？谅解别人的过错，才有自己的快乐！当别人因某件事伤害了你时，你一定要保持冷静，不要拿别人的错误来惩罚自己！也许你曾被他人伤害，但为了拥有新的人生，忘记那些不愉快的过去，原谅别人！懂得放下的人才能找到轻松，懂得遗忘的人才能找到自由，懂得宽容的人才能找到朋友！

阿拉伯著名作家阿里，有一次和两位朋友一起去旅游。三人行至一座山谷时，阿里的朋友马克失足滑落，阿里的另一个朋友雅吉拼命地拉住马克，才将他救起。马克就在附近的大石头上刻上：“某年某月某日，雅吉救了马克一命。”三人继续走了几天，来到一处河边，他俩为一件小事而吵了起来，雅吉盛怒之下打了马克一个耳光，马克又在附近的沙滩写上：“某年某月某日，雅吉打了马克一个耳光。”

当他们旅游回来后，阿里好奇地问马克：“为什么要把雅吉救你的事刻在石头上，而将雅吉打你的事写在沙滩上？”马克回答：“我永远都感激雅吉救我，把雅吉救我的事刻在石头上，是让我终生不忘。至于他打我的事，随着沙滩上字迹的消失，我也会忘得一干二净。”

故事中的马克是一位心胸豁达的人，他的宽容，让他拥有了心灵的快乐。在实际生活中也一样，我们常常会遇到一些不愉快的事情，有的伤

害甚至终生难忘，但我们只有让那些不愉快的记忆随风消逝，心灵才能解脱，才能以轻松的心态继续生活下去！事情已经发生，你再回忆那些不愉快的镜头，也无法改变当时的伤害，不如宽容一点，学会忘记，给自己一个轻松愉快的心境，让自己开始新的人生！

人生在世，总会遇到一些伤害自己的人，有的人能宽容别人的过错，让那些不愉快像一阵风吹过，让自己的心重新轻盈快乐起来。而有的人也许受伤害太深，那些被伤害的镜头总是一次次萦绕在心头，心灵总是被那痛苦的记忆充斥着，自己怎么也无法真正快乐。

曾经有个女人，在她小的时候，她的母亲把她送给了别人，因为家里实在太穷了，根本养不起两个女孩儿。长大后，她知道了自己不是现在父母亲所生这件事，并了解到自己是被遗弃的孩子，从此，她的心里对生母极其怨恨，她为什么狠心抛弃自己而留下那个孩子。孩子永远是自己身上掉下来的肉，年老的母亲几次想要来相认，她都拒绝了，连母亲亲手给她织的手套她也一次没有戴过，她把手套收了起来，搁在箱底，一直放着。就这样，她结了婚，生了孩子，但她的心一直沉浸在怨恨里。在她二十八岁的那年突然传来母亲病危的消息。那时刚好是冬天，乡里的人送来信，说母亲想见她一面，让她戴上她亲手给她织的手套。

这个女人听后，心里开始有些慌乱。再怎么样也是生母，她急急地戴上母亲织的手套上路了。当她把手伸进手套的时候，她突然摸到了一张折着的纸条。她拿了出来，好奇地打开，原来是母亲写给她的信。母亲说，家里的另一个孩子是捡来的，那时候实在养活不了两个孩子，才决定把她送出去。因为，那个孩子实在太小，又病得不成样子，除了他们两口子，没人要那个孩子。

她看到这纸条后非常震惊，眼里涌出了泪水。母亲这么多年是怎样的伤心啊，她是她唯一的女儿啊！赶到母亲那里时，老人已经辞世了，她趴在已死的母亲身边整整哭了几天，她悔恨自己当初为什么不原谅母亲，不然母亲也不会连到死的那一刻还没认自己的女儿。

这个女人后来在七十岁那年去世了，去世前的日子里，她都在悔恨中过日子。前二十八年，她在怨恨中过，后四十二年，她在悔恨中过。

这个女人的一生就是在怨恨和悔恨中度过的，如果在母亲给她送来手套的那天，她能够宽容一次，那么，她的一生可能就会改写，她的后四十二年也不会在悔恨中过。她放下对母亲的怨恨，她的一生也不会苦苦纠缠。

宽容是快乐之本，只有放下别人对你的伤害，心灵才会真正快乐起来。朋友之间无意的误解泰然处之，友谊之树就会常青不倒；不计较同事的中伤，就能团结合作完成工作任务；宽容领导暂时的不明智，能使工作更顺利、更协调；宽容下属无心的冒犯，会让他们从此自觉。

放下是一种智慧，宽容让心灵拒绝狭隘，宽容别人也就是宽容自己，因为只有放下心灵的包袱，给心灵松绑，才能获得真正的快乐！

悔恨与自责适可而止

在这个世界上，谁都难免会犯错误。人要想不犯错误，除非他什么事也不做，而这恰好是他最基本的错误。人不可能不犯错误，不要把自己犯下的错误长时间搁置在心灵深处，清除它，学会放下那段悔恨的历史，才能弥补和避免重犯错误，从中吸取教训。如果我们没办法坦然面对，那么遗憾恐怕会越来越多。

一个妇人不小心丢了一把伞，她一路上都很懊恼，不停怪自己，怎么会如此的不小心。回家之后，她才发现，天啊！连她的钱包也不见了，原来她一心惦记掉了伞的事，结果在惶恐不安中连钱包也丢了。

放不下悔恨，只会出现更多的悔恨；放下悔恨，过好现在就够了。

很多人这样想：如果读书的时候努力一点，现在也不会在这样的岗位上风吹日晒；如果当初不放手，她就不会和别人结婚；如果上次领导交代的任务积极一点，就不会完成得这么糟。这个世界上有太多的如果……这个世界上最没有出息的两个字就是“如果”。

一位著名的心理医生，在即将退休时总结出对人生影响最大的四个

字：“要是”、“下次”。很多人总是懊悔过去所做过的事，总是在想，要是我那次怎样就好了。可是，他们忘了一点，这个世界上是没有后悔药出售的，过去永远也无法重新来过，与其沉湎在这种懊悔中，还不如想想如何下次不犯这个错误，矫正的方法其实很简单，只要把“要是”改为“下次”就行了。

心伤很难治愈，那些过去的伤痛总是像刀子一样剜着我们的心，我们何必还在这个伤口上撒盐呢？过去的事情就过去了，耿耿于怀也是于事无补，勇敢地面对过去的错误，让自己的心灵得到一个解脱。

知识的真正获得不在于一遍一遍的重复，而是如何将它应用到实践中；一段伤痛，不在于怎么忘记，而在于是否有勇气重新开始。

反省是一种美德，但是，这种因悔悟而对自己的责备应该适可而止。如果悔恨的心情一直无法摆脱，而你一直苛责自己，懊恼不止，那发展下去，就可能形成一种病态。

一天，一名高中生站在二十几层的大楼楼顶上意欲往下跳，很多群众在这个时候报了警，当警察到达现场的时候，发现他身上还有炸药，难道他要将整个大楼一起炸毁。

出于无奈，做最差的打算，警察调来了很多狙击手。他的双脚在楼顶边缘上颤颤巍巍，他喊着：“别过来，过来就引爆炸弹，然后再跳下去。”

此时，花园四周大楼已埋伏了多名狙击手，随时听候分局长下达击毙歹徒的命令。分局长打量着这个稚气未脱、全身还在微微颤抖的少年，不禁想起了正在读大学的儿子，心头涌上一丝怜悯的酸楚。

只见分局长迅速脱去了上衣和裤子，只穿着一条短裤，几乎赤裸着一步步靠近犯罪嫌疑人，坐在离他很近的位置，语重心长地说：“孩子，我是公安局长，我不想伤害你，我儿子也跟你差不多大，请允许我以一名父亲的名义跟你谈谈。”

他惊呆了。他没想到，一名公安局长竟以这样的方式与他对话。他的目光变得柔和起来，拿炸药的手也开始垂了下来。

“孩子，我知道，其实你并不想伤害别人！你真的不想伤害别人。你肯定有什么心事，你可以跟我说。”

“我真的不想死，可是我整日无法心安，我吃不下、睡不着，我快疯了。今年的愚人节，我跟我最好的朋友开了一个玩笑，我对她说：‘你妹妹出车祸死了。’当时，我就看见她哭了，但什么也没有说，就跑到了学校的楼顶上跳下去了，原来她的母亲和父亲都得了癌症，而我又骗她说她妹妹出了车祸，她觉得自己活着已经没有意义了。我们是住校，她也没回家看，就信以为真了，我只开了个玩笑，可是，她却死了，她自杀的场面我永远无法忘记，我不敢把真相告诉父母和老师，我只是想用炸药将跳楼后的自己毁灭，他们不会认出来是我，他们也就不会伤心……”

“孩子，说了这么多，饿了吧？我保证会好好招待你吃一顿大餐，那只是你的无心之失，你死了，你爸妈会伤心，很多人都会伤心，错误已经造成了，你的生命也换回不了她，你是个善良的孩子，她在天堂会原谅你的。你过来，我和你好好谈谈。”

一席话说得他放下了炸药，扑进分局长得怀里号啕大哭。他得救了，这栋楼也得救了。

对于这个高中生来说，他没有想到他的同学的家庭状况，也没有想到她是个心灵如此脆弱的人，因为他的一个无心之失，悲剧酿成了，他无法挽回，没有人知道这个女生的死因，而他终日活在悔恨中，造成了心理的障碍，他失去了理智，他忘记了炸药不只是使自己面目全非，最重要的是有很多人会因此失去生命。

人总是人，人有要求完美的愿望，但也有犯错误的可能。不要希望自己好到没有一丝缺点，如果偶有过失，也能潇潇洒洒地承认：“这次错了，下次改过就是。”不必把一个污点放大为全身的不是。犯了错误而不肯悔改才是对自己的虐待和对社会的干扰。

过度的悔恨会造成心灵的高度负荷，心灵的堡垒最终会坍塌，不管什么样的错误，犯了，就忘了它，给心灵卸载，冲开过去的枷锁，再一次捧起生活的点滴。

有一种错误叫太固执

生活中，我们发现有很多固执的人，或许在他们自己看来是个性，但往往大多时候给人的感觉是冥顽不化。其实，固执有时候是一种错误，我们要放下这种错误的坚持，给自己的心灵松松绑。

固执是一种坚持成见、不懂变通的心理现象，也就是冥顽不灵。在日常生活和工作中表现为一意孤行，只相信自己，不相信别人。对于领导者来说，其危害性是很大的。久而久之，领导班子民主作风削弱，战斗力削弱，这既影响事业发展，也会使领导者处于苦恼的孤立地位。在生活中，固执会让你周围的人远离你，因为你听不进别人的意见，有时候自己也会因为固执在生活和感情方面遭受心灵的重创。

太固执的人常常刚愎自用。三国名将关羽之所以最后败走麦城，被俘身亡，最大的一个原因就是固执偏激、刚愎自用。太固执的人总会自以为是，很轻易地得出一个结论后，就认定是最终真理。“南辕北辙”中的人就是一个冥顽不灵的人，他始终认为自己是对的，也听不进去别人的意见。

从前有一个人，从魏国到楚国去。他带上很多的盘缠，雇了上好的车，驾上骏马，请了驾车技术精湛的车夫，就上路了。楚国在魏国的南面，可这个人不问青红皂白让驾车人赶着马车一直向北走去。

路上有人问他的车是要往哪儿去，他大声回答说：“去楚国！”路人告诉他说：“到楚国去应往南方走，你这是在往北走，方向不对。”那人满不在乎地说：“没关系，我的马快着呢！”路人替他着急，拉住他的马，阻止他说：“方向错了，你的马再快，也到不了楚国呀！”那人依然毫不醒悟地说：“不打紧，我带的路费多着呢！”路人极力劝阻他说：“虽说你路费多，可是你走的不是那个方向，你路费多也只能白花呀！”那个一心只想着要到楚国去的人有些不耐烦地说：“这有什么难的，我的车夫赶车的本领高着呢！”路人无奈，只好松开了拉住车把子的手，眼睁睁看着那个盲目上路的魏人走了。

那个魏国人，不听别人的指点劝告，仗着自己的马快、钱多、车夫好等优越条件，朝着相反方向一意孤行，他始终到达不了他的目的地。

这只是个故事，而生活中的很多人也会犯同样的错误。原本很简单的事，却因为自己固执己见，始终认为自己是对的，结果却与幸福失之交臂，甚至造成不可挽回的错误。

一天她过生日，他在她生日的聚会上送了她一只可爱的毛毛熊，在各种生日礼物中，这根本算不上是礼物，去年他在她生日的时候就送了她一把很名贵的藏刀。在她想来，男友应该送给自己更名贵的礼物。于是她有些生气，也许更多的是愤怒，没想到自己男朋友这么小气，今天是她的生日，还来了这么多朋友。朋友看到她的情绪，说："这么可爱的礼物，你怎么会不喜欢呢？"可她却认为这是男友不再重视自己才这么敷衍自己的生日。

面对女友愤怒的眼神，他只是笑，她在聚会中喝了很多酒,而他只是在旁边静静地喝着可乐。聚会结束，他们要回到自己的小家，上了高速，她一直很愤怒，一直在埋怨，车的后排座放了很多名贵的礼物，当然还有那只毛毛熊，她开始抱怨男友不爱她，不珍惜他们的爱，他只是静静开着车，什么也没有说，偶尔会有一丝笑在脸上.

酒精在冲动的驱使下发作了，她吐了，他靠边停了车，她大发脾气，指责他给了她这样一个不愉快的生日，说了一些很伤感情的事情，他一直无语，只是一只手拿着纸巾，一只手拿着矿泉水。她突然跑到了主路上，他没有拉住她，两个人就这样在公路上拉扯着。突然，一辆飞驰的快车直奔两个人行驶过来，他想都没想地扔掉了手中的东西，推开了她，她的头重重摔到了地上，等她苏醒的时候，她已经躺在了医院，头上绑着绷带。那辆飞速行驶汽车的司机酒后驾车。

他被撞出了十几米，当救护车到的时候，他嘴里涌着血一直说着："别管我，看我女朋友怎么样?"

到了医院，他已经去了另一个世界，他最后的遗言是毛毛熊，毛毛熊在他的要求下，被医护人员带上了救护车，他在这个世界上最后的一段路，就是这只小熊一直陪着他。

她得知男友离去的消息，一直在哭，哭得昏过去了好几次。一个有心的护士把小熊送到了她的枕边。

她再一次从昏厥中醒来，看着小熊，上边有着男友的血，似乎有着他的体温，她紧紧地把它抱在了胸前，轻轻抚摸着它，突然摸到一件很硬的东西，她从小熊的口袋里摸出了一件东西，一个戒指盒，里面有一枚漂亮的钻石戒指。看到这一切，她彻底崩溃了，她拼命哭，用力撕着自己的头发和头上的绷带，但是一切似乎都没有意义了。

往日的情景一下子，涌入了她的心头，她在自责，在懊悔，在埋怨……曾经的幸福这个时候变尖锐，曾经的欢笑这个时候变的灰色。

她被幸福包围着，可是她却身在福中不知福，固执地认为男友不再爱自己了，才会只送一个毛毛熊给自己，于是她生气，跑到高速上，白白的让男孩为自己牺牲了生命，而曾经的幸福也不复存在。

有时候很多悲剧的酿成都是人为的，就和这个女孩一样，如果不是她的固执和任性，男孩就不会死，而此刻，幸福在她那里已经没有了意义，因为是自己亲手毁了幸福。

所以，生活中我们要多听取别人的意见，转换一下思考的方式。心灵中有种错误叫固执，放下它，面对问题，你能豁然开朗，也能给心灵松绑！

人生顺其自然为最真

人的一生中苦苦追求的东西有很多：名、利、权等，但真有了这些东西的人就感觉幸福了吗？不一定。他们把幸福的定义加在了对欲望的满足之上，而真正的快乐来自心灵，心灵的释放和解脱才是酣畅淋漓的快乐。所以，我们要放下欲望，因为欲望无止境，顺其自然才最真。

一个人，无论他拥有多么巨大的财富，多么显赫的地位，如果他感觉不到鲜花的芬芳、泥土的清香、细雨滋润大地的轻柔，那么他就不会觉得生活鲜美，他就不是一个活得很幸福的人。那么，财富也好，地位也好，甚至更多的欲望都只能是一个包袱，不妨把它们轻轻放下，舍不得放下欲望的人只会让自己被欲望压垮。欲望就是一根绳，割断这根绳子，才不会让自己的心灵被这根绳子牵住。

从前，有个年轻人从家里到一座禅院去，在半路上的时候，他看见路上一件有趣的事，他想以此考考禅院里的老禅者，据说老禅者的智慧很深。来到禅院，他与老禅者一边喝茶，一边闲扯，突然他问了一句："什么叫团团转？"

"皆因绳未断。"老禅者随口答道。

年轻人听到老禅者这样回答，很疑惑。

老禅者见状，问道："什么使你如此惊讶？"

"不，老师父，我惊讶的是，你怎么知道的呢？"

年轻人说："我今天在来的半路上，看到一头牛被绳子穿了鼻子，拴在树上，这头牛想离开这棵树，到草地上去吃草，但是转过来转过去都不得脱身。我以为师父既然没看见，肯定答不出来，哪知师父出口就答对了。"

老禅者微笑着说："你问的是事，我答的是理，你问的是牛被绳缚而不得解脱，我答的是心被俗物欲念纠缠而不得超脱，这是一个道理，一理通百事啊。"

后生大悟！

一只风筝，再怎么飞，也飞不出视线之外，因为它被一根线牵着；一匹彪悍的马，再怎么烈，也被马鞍套上任由鞭抽，是因为被绳牵住。那么，我们的心灵，又常常被什么牵住了呢？是被欲望牵住了。一个职称，常常让我们处心积虑；一回输赢，常常让我们焦虑不安；一次得失，常常让我们痛心疾首。为了钱，我们东西南北团团转；为了权，我们更是累得浑身散架。

欲望之绳不断，我们的心也就被束缚着。割断绳子，放下欲望，心才会快乐。学会放下，有时是明智的抉择，是常修的所得，是顿悟的结果，更是一种坦荡的心境。只有放下，我们的心灵才会平衡。

从前，在深山里住着个山民，他以打柴为生，长年累月地辛苦劳作，但这仍然改变不了困顿的局面。为了能改变眼前困苦的生活，他自己也不记得曾经在佛前烧了多少柱高香，祈求佛祖降临好运，帮他出苦海。佛祖似乎真的怜悯他，有一天，山民无意中在山地里挖出了一个百十来斤重的金罗汉，转眼间他便过上了从前做梦也想不到的生活，又是买房，又是置地，锦衣玉食自然不在话下，而他的朋友一时间也多了几倍，从四面八方赶来向他祝贺。

可是这个山民只高兴了一阵，继而又愁眉苦脸的，看他愁得舒不展眉来，他老婆劝了几次都没有效果，不由得高声埋怨起来。

"你一个妇人家怎么能理解我的愁事呢？怕人偷只是原因之一啊，"山民叹了口气，说了半句便懊恼地用双手抱起来头，又变成了一只闷葫芦。

"十八罗汉我只挖了一个，其他的十七个不知道在什么地方？要是那十七个罗汉一起归我所有，那该有多好啊！"原来，这才是他犯愁的最大原因。

现在很多人又何尝不是如此呢？贪欲会随着自己想要的东西的数量一直增加，如果不控制住自己的膨胀的心理，那么会越来越大，像热气球一样，而痛苦也会随着欲望变得越来越多。

人生活在这个世界上，总是希望自己过得越来越好，这毋庸置疑，但不切实际的欲望就成了束缚我们心灵快乐的绳索，放下它，才会知足，才会快乐。

有个年轻人总是抱怨自己不够富有，一个80岁的老人告诉他，我可以让你变得更富有，只要你把年龄和我交换，我就给你100万元，年轻人果断地拒绝了。老人又说，把你的双手双脚和我交换，我再给你500万元，年轻人想了想，还是拒绝了。最后，老人说，我现在身患癌症，把你的健康和我交换，我再加1000万元，年轻人愤怒地拒绝了。老人说："你有1600万元，你已经是一个非常富有的人了。"

的确，金钱和名利只是身外之物，不必刻意去追求，拥有健康的体魄和快乐的心灵本身就是一笔财富，何必让自己苦苦追求那些生不带来、死

不带去的名利呢？

欲望有时会带来罪恶，不要让欲望成为你心灵的累赘，因为它可能是潘多拉的盒子。很多贪官最终被绳之以法，多是因为一个割舍不掉的“欲”字，从“小贪”到“大贪”，都是欲望做的怪，因为欲望无止境，而如果他们当初放下欲望，一心一意为人民谋福祉，也不会落到如此田地？

学会放下欲望吧！人生一世，紧握拳头而来，平摊双手而去。有多少东西永远也不可能属于你。人在室内休息，所栖不过一床，鸟在森林筑巢，所栖不过一枝，人生在世，犹过眼烟云。面对欲望，需要学会放下，真正翱翔于高空的鸟儿不会衔枝而飞，真正驰骋于沙场的人明白轻装上阵的道理，真正的智者知道放下欲望，知道无欲无求才是真！放下欲望，割断欲望之绳，给自己的心灵松松绑！

攀比只会徒增自己的烦恼

处于复杂的经济社会中，人与人之间难免产生比较。谁更有能力，谁更富有，谁更有权势，谁更走运等。比较是一种全面认识自我的方法，通过与他人比较，我们能够了解自己的缺点和长处，从而提高自己、完善自己。但是，比较多了，如果控制不好，就会变成攀比。

所谓攀比心理，是刻意将自己在智力、能力、生活条件等方面与别人进行比较，并希望超越别人的一种心理状态。攀比之心，人人都有。科内尔大学教授罗伯特·弗兰克说：“你是愿意自己挣11万美元，其他人挣20万美元，还是愿意自己挣10万美元，而别人只挣8.5万美元呢？”大部分的美国人选择了后者。但，事实证明，盲目攀比，就会使虚荣心不断膨胀，影响身心健康。严重的攀比心理对一个人的心身健康极为不利，会导致自卑、失落、丢脸、生气、嫉妒等负面情绪的产生。

“魔镜啊魔镜，谁是这世上最美丽的女子？”白雪公主的故事里，恶

毒的王后总是一遍又一遍地重复着这个问题。“既生瑜，何生亮？”喜欢攀比的人多半要发出这样的感慨，攀比不是罪过，但攀比心太强，必定烦恼丛生。

在一个丛林中住着一只忧愁的小老鼠，整日闷闷不乐，它自感形象不佳，本领又小，生活在社会的最底层，看人家猫多神气啊。苦恼的小老鼠来到了山神的面前，再三哀求给予帮助，把它变成一只猫。山神终于被缠不过，答应了它的要求。于是小老鼠变成了一只神气的猫。没高兴几天，又有了新的问题，原来猫怕狗。它又去求山神，把它变成一只狗。可谁料，狗怕狼，于是它又跑去请求变成狼……

如此这般，一路请求一路变化，小老鼠终于变成森林之王——大象。它昂首挺胸，在丛林中散步巡视，威风凛凛，动物们见了它都点头哈腰，恭恭敬敬，它心中别提有多高兴。可是没有过多久，它有了新的发现：大象最怕的竟然是老鼠。这时，它眼中最伟大的形象又变成了老鼠，于是它又去哀求山神……

在这个世界上，万物相生相克，哪里有最强和最弱之分？一味地把自己的缺点和别人的优点去比较，只会打击自己的信心。不如把这些都放下，安安心心做自己，生为老鼠，就做一只快快乐乐的老鼠，不也是很好吗？就像我们身为普通人，就做好一个普通人应该做好的事情，享受平静安详的生活。如果你像那只小老鼠一样，比较来比较去，到头来会发现，那些位高权重、富可敌国的成功人士都在追求你现在所享受的生活。

放下攀比的心，不要做无谓的比较，你所追求的财富和骄傲或许是危险的，而你不屑一顾、嗤之以鼻的东西却让你真正安全。

从前有两头骡子，主人要它们分别驮着粮食和财宝，驮着财宝的骡子因为感到自己驮的东西价值不菲，所以昂首阔步，把系在脖子上的铃铛摆得悦耳动听，它的同伴则不声不响地跟在它后面。突然，一伙强盗从隐蔽处窜了出来，扑向骡队。强盗跟主人扭打时，为了得到财宝，用刀刺伤了驮财宝的骡子，贪婪的强盗把财宝洗劫一空，对粮食则不加理会，驮粮食的骡子也就安然无恙。此时，受了伤的骡子完全没有了刚才的神气，边叹倒霉边对同伴说道：“还是你的运气好啊,虽然不神气，但

总不至于挨刀子。”

如果驮财宝的骡子知道自己会被刀刺伤，它还愿意驮财宝吗，它还会因为自己驮着财宝而趾高气扬吗？肯定不会。

或许我们只是拿着很少的工资，或许我们一年的工资还不够那些有钱人的一顿饭钱，但是每个人有每个人的活法，何必去比较，何必去羡慕，我们的能力有多少，我们就享受多少。

心理学家提出了矫正攀比心理的几个注意点：

第一，放弃对一些事情的过分在意，把时间和精力用在对自己的人生和发展更加有意义的事情上。第二，接受不能改变的，积极行动去改变能够改变的。第三，让比较成为自己振作和更好地前进的动力，而不是束缚。

有句话说得好：当你紧握双手，里面什么都没有，当你松开双手，世界就在你手中。一颗放下的心，比任何财富都宝贵。无论在什么时候，永远不要去和别人盲目攀比，要知天外有天、人外有人，比来比去的结果就是再次证明自己的无知。不管人们对你评价的多么高，你永远要有勇气对自己说：我是个毫无所知的人。学会放下，使自己保有一颗谦逊的心，你会活得更加自在、怡然！

别让心理背上沉重的包袱

很多时候，心理因素直接影响着事情的成败。特别是在重大和关键的时刻，一个人常常因为背上了心理包袱而发挥失常、前功尽弃。高考落榜、应聘失败等现象很多时候也都是心理因素在作祟。

20世纪60年代，澳大利亚著名的长跑选手罗·克拉克曾19次打破男子五千米和一万米的世界纪录，然而却在两届奥运会上遭遇滑铁卢，仅获得一枚铜牌，他也因此被称为“伟大的失败者”。不光是克拉克，历届奥运会中，1/3以上公认的实力最强者并未登上冠军领奖台，这成了体育界有名

的“克拉克现象”。

“克拉克现象”的本质是受到心理素质的影响。尼克松的连任失败，同样印证了这一点。尼克松是我们极为熟悉的美国总统，但就是这样一个大人物，却因为一个缺乏自信的错误而毁掉了自己的政治前程。

1972年，尼克松竞选连任。由于他在第一任期内政绩斐然，所以大多数政治评论家都预测尼克松将以绝对优势获得胜利。然而，尼克松本人却很不自信，他走不出过去几次失败的心理阴影，极度担心再次出现失败。在这种潜意识的驱使下，他鬼使神差地干出了后悔终生的蠢事。他指派手下的人潜入竞选对手总部的水门饭店，在对手的办公室里安装了窃听器。事发之后，他又连连阻止调查，推卸责任，在选举胜利后不久便被迫辞职。本来已经胜券在握，本来已经是很优秀的人，就是因为不自信的心理包袱而导致惨败。

同样，我国早期的乒乓球运动员韩玉珍，在国内屡战屡胜。一次，代表国家队参加世界锦标赛，临赛前的一晚上，她患得患失，承受不了心理压力，用刀将自己的手腕割破，谎称有人行刺她后跑了。结果这件事被查出来了，成为国际上的一大丑闻。为此，国家队将她开除出队。但在随后的国内的比赛中，她又屡战屡胜，为了给她机会，又重新召她回国家队。在一次国际重大比赛中，对方的日本运动员，以前没有赢过她。开始，韩玉珍连赢两局，第三局对方赶上几分后，韩玉珍信心开始动摇，结果连输三局。外电评论：韩玉珍不是输在技术上，而是输在信心上。

两个同样成功的人却因为背上了心理包袱而导致最终的失败，这样的经历是惨痛的，是任何人都不愿意遇到的。不是没有真本领，不是技术不行，就像很多学生一样，平时学习成绩一直在全班甚至全年级前几名，可一遇到大考，成绩便一落千丈，结果是老师无奈、家长头痛、自己痛恨自己。

由此可见，好的心理素质对任何人来说都是非常重要的。驮着世俗的心理包袱，你就会把注意力全部放在包袱上，而忽略了自己真正应该去做的事情。

心理学家分析说，心理包袱其实是自己给自己设置的心理障碍，做事情考虑太多，心理压力过大，太在乎别人的想法，受虚荣心影响等，都会让你背上沉重的心理包袱。下面这个小男孩的想法或许会给你一些启示。

有个小男孩头戴球帽，手拿球棒和棒球，全副武装地到自家后院。

“我是世界上最伟大的打击手。”他自信满满地把球往空中一扔，用力挥棒，但却没有打中。

他毫不气馁，又往空中一扔，大喊一声：“我是最厉害的打击手。”

他再次挥棒，可惜又落空了。

他愣了半晌，仔仔细细地将球棒和棒球检查了一番。

他站了起来，又试了一次，这次他仍告诉自己：“我是最杰出的打击手。”

然而他第三次尝试又落空。

“哇！”他突然跳了起来，“原来我是第一流的投手！”

这个小男孩的幽默与机灵给人印象深刻，在他的心中，自己永远是最棒的，做不成最厉害的打击手，却发现自己可以做第一流的投掷手，不管事实如何，这种心态，这种自信，是很多人都缺乏的。

一个人好与坏和事情的成与败的标准不应该由别人来左右，自己才是自己的主人，放下世俗对我们的影响，放下心里沉重的负担，不要让自己的心理成为个人发展的最大的敌人。

一个人的心理包袱就是一道坎，跨过这道坎，人生才会到达一个新的境界。因为只有放下心理包袱，人生才会回到本真的自由，才能收放自如。

何必为打翻的牛奶而哭泣

英国有句谚语说：“不要为打翻的牛奶而哭泣。”意思是不要为已经失去的再难过，因为那已无可挽回，而应该忘却它，面对现实向前看。用今天的眼光与标准来评判昨天的事物，就会发现其中的诸多问题，有些遗憾可能还有机会去补救，但还有许许多多的遗憾则永无机会去弥补了。人

生中会有数不清的遗憾，这也是人生的一种魅力，做人贵在学会放下。

人生并非只有一处风景，别处风景也许更加迷人。当你失意的时候，你不妨好好地品味这句话所包含的哲理。生命并非只有一处灿烂辉煌，包容过去，融通未来，创道人生新的春天，人生将更加明媚和迷人。现在就跨出新生活的第一步，对于自己的过去，大可不必耿耿于怀，是好是坏都已过去，且把它看做一张白纸，你心中就没有了埋怨与不满，生活的一切都会顺利平稳。

在京城，有位88岁高龄的老太太却轻松悠闲地微笑着，用那略带合肥口音的普通话告诉我们，做一个好人其实很容易，拥有一个幸福的人生其实也很简单："第一是不要拿自己的错误惩罚自己，第二是不要拿自己的错误惩罚别人，第三是不要拿别人的错误惩罚自己。"她笑笑，晃了晃板起的三根手指，满脸都是返老还童的天真和曾经沧海的从容，"有这么三条，人生就不会太累了……"多么朴素的心语啊！道出这"人生幸福三诀"的老太太名叫张允和。她可是位有来历的知识女性！她的夫君是著名语言学家周有光，有人说："周有光的平和宁静与广阔深邃，会让你不由自主地联想到无边无际的大海。"她的妹夫是由她玉成美满婚姻的大文豪沈从文。对于沈从文，史家更有斩钉截铁的定评："无瑕人品清于玉，不俗文章胖似仙！"而张允和本人，也曾颠沛流离，也曾死里逃生，是人生的苦难与艰辛使她大彻大悟道出了"幸福三诀"。

对待已经造成的损失或失败是什么态度，往往影响你后来的成功。莎士比亚说得好："明智的人永远不会坐在那里为他们的损失而悲伤，却会很高兴地去找出办法来弥补他们的伤痕。"如果你认为人来到世上是应该有所作为的，那就更要重视自己的存在。每个人的生命都是伟大的、富有创造力的，只是我们常忽视这一点。生活中永远不乏体验与成长的机会，即便身处绝境，不也正是开辟新天地的大好时机吗？如果你一味沉浸在过去的回忆里，就只是在浪费生命。选择什么样的生活是你自己的权力，这是别人无法取代的。如果此时此地的生活并不快乐，也不成功，何不勇敢地尝试改变，去另辟蹊径呢？

马尔登认为，人生没有一帆风顺的，也没有十全十美的人。如果始终念念不忘过去的失败，而错过许多生活乐趣，实在是很可惜的。我们的眼睛生在前面，就是要我们往前看，替未来打算的。人生是一个不断放弃，又不断创造的过程，所以适时地关上身后的门就是一种智慧的人生态度。只有忘记了过去，你才能重新开始，迎接新生。

英国前首相劳合·乔治有一个习惯——随手关上身后的门。有一天，乔治和朋友在院子里散步，他们每经过一扇门，乔治总是随手把门关上。

“你有必要把这些门关上吗？”朋友很是纳闷。

“哦，当然有这个必要。”乔治微笑着对朋友说，“我这一生都在关我身后的门。你知道，这是必须做的事。当你关门时，也将过去的一切留在后面，不管是美好的成就，还是让人懊恼的失误，然后，你才可以重新开始。”

朋友听后，陷入了沉思中。乔治正是凭着这种精神一步一步走向了成功，踏上了英国首相的位置。

“我这一生都在关我身后的门！”多么经典的一句话！从昨天的风雨里走过来，身上难免沾染一些尘土和霉气，心中多少留下一些酸楚的记忆，这是不能完全抹掉的。我们需要总结昨天的失误，但我们不能对过去了的失误和不愉快耿耿于怀，因为伤感也罢，悔恨也罢，都不能改变过去，不能使你更聪明、更完美。如果总是背着沉重的怀旧包袱，为逝去的流年伤感不已，那只会白白耗费眼前的大好时光，那也就等于放弃了现在和未来。

追悔过去，只能失掉现在；失掉现在，哪有未来！正如俗话所说：“为误了头一班火车而懊悔不已的人，肯定还会错过下一班火车。”要想成为一个快乐成功的人，最重要的一点就是记得随手关上身后的门，学会将过去的错误、失误通通放下，不要沉湎于懊恼、后悔之中，一直往前看。时光一去不复返，每天都应尽力做完当天该做的事，明天将是新的一天，应当重视开始。振作精神，不要使过去的错误成为明天的包袱。

第7章　心量就是福量，心宽就会路宽

天地之间，海有多大，天有多大，人的胸怀就要有多大。所谓“心量就是福量，心宽就会路宽”，生活中，每个人好像就是海的一朵小浪花般渺小，人活一世就是要心阔，不要看不开，心要放宽，与大海比较，这样我们的人生之路才会越走越宽。

内心强大，羞辱也不用怕

在生活中，我们首要的目标是为了实现自己的价值，而不是为了求得所有人的同意。在我们身边，每个人的思维和行为方式都是不一样的，总会有一些跟自己合不来，他们有可能会对我们的言行进行羞辱，其实这都是极为正常的。对于这些人的羞辱，内心强大的我们需要看得开。当然，不予理睬才是最有力的回击，如果我们心不甘情不愿，打算与其较真，那最后吃苦头的是我们自己。既然那些羞辱我们的人是丝毫不会理解我们的，那他的羞辱对于我们而言，就是毫无意义的，它们就好像盘旋在我们头顶上嗡嗡叫的苍蝇一样，我们可以不予理会，它自然会飞向其他的地方。所以，看开他人的羞辱，不要花太多的时间和精力去生气、愤怒，我们所需要的是知己，而不是这样一些唯恐天下不乱的人，因此，扩大内心力量，在淡然中忍耐，看开来自他人的一切羞辱。

林肯当选总统的那一刻，整个参议员的议员都感到十分尴尬，因为当时美国的参议员大部分都出身望族，他们自以为是上流社会的人，从没想到过所面对的总统竟然是一个出身卑微的人，因为林肯的父亲是一个鞋匠。

当林肯站在讲台的时候，一位态度傲慢的参议员站起来说：“林肯先生，在你开始演讲之前，我希望你记住，你是一个鞋匠的儿子。”顿时，所有的参议员都笑了起来，为自己可以羞辱林肯而开怀大笑。这时，林肯不卑不亢地说：“我非常感激你能使我想起我的父亲，他已经过世了，我一定会永远记住你的忠告，我永远是鞋匠的儿子。我知道我做总统永远无法像我父亲做鞋匠做得那么好。”所有的议员陷入了沉默，这时，林肯对那位傲慢的参议员说：“就我所知，我父亲以前也曾经为你的家人做鞋子，如果你的鞋子不合脚，我可以帮你改正它，虽然我不是伟大的鞋匠，但是我从小就跟父亲学会了做鞋子这门手艺。”

然后，他再一次扫视全场的参议员，说道：“对参议院里的任何人都一样，如果你们穿的那双鞋子是我父亲做的，而它们需要修理或改善，我一定尽可能地帮忙。但是有一件事是可以确定的，我无法像他那么伟大，他的手艺是无人能比的。”说到这里，他流下了眼泪，顿时，全场爆发出热烈的掌声。

对于参议员的冷嘲热讽，林肯很看得开，他道出了父亲的伟大，正是这一点，打动了所有在场的议员们。别人羞辱自己，那并不意味着自己的价值毫无意义。别人看轻了自己，没有关系，只要我们自己看重就行了。如果别人肆意羞辱，而那些羞辱的言辞是毫无根据的，不要生气，不要看不开，你只需要采取置之不理的态度，在忍耐中淡然面对，这样才会越发体现你超凡的人格魅力。

1897年5月6日，维克多·格林尼亚出生在法国瑟儿堡的一个有名望的资本家家庭。当时，他的父亲经营了一家船舶制造厂，有着万贯的家财。在格林尼亚童年时期，由于家境的优裕，再加上父母的溺爱和娇生惯养，使得他在瑟儿堡四处游荡，盛气凌人。那时候，他没有理想，没有志气，

根本不把学习放在心上，整天梦想着成为王公贵人。由于他长相英俊，当地的那些美丽的姑娘，都愿意与他交往。

但是，在一次午宴上，一位刚从巴黎来到瑟尔堡的波多丽女伯爵竟然毫不客气地对格林尼亚说："请站远一点，我最讨厌被你这样的花花公子挡住我的视线！"这句话就好像针扎一般刺痛了他的心了，刚开始，他为这句话而自卑、疯狂、偏执，但不久之后，他就醒悟了。他开始悔恨自己的过去，产生了羞愧和苦涩之感，他决定努力学习，发誓一定要追回过去所浪费掉的时间，而每当自己的灵魂和肉体麻木的时候，他就用这句话来刺痛自己。后来，他决定远离家乡，临走之前，给家人留下了这样一封书信："请不要探询我的下落，容我刻苦努力地学习，我相信自己将来会创造出一些成就来的。"

格林尼亚来到了里昂，拜路易·波韦尔为师，通过两年刻苦的学习，他终于补上了过去所落下的全部课程。后来，他进入里昂大学插班就读，在上大学期间，他赢得了有机化学权威菲利普·巴尔的器重，在巴尔的帮助下，他将老师所有著名的化学实验重新做了一遍，并准确纠正了巴尔的一些错误和疏忽之处，就这样，这些大量的平凡实验中诞生了格氏试剂。

格林尼亚就好像打开了科学的大门，他的科研成果不断地涌现出来。基于其伟大的贡献，1912年，瑞典皇家科学院授予其诺贝尔化学奖。这时，他收到了那位波多丽女伯爵的贺信，里面只有一句话："我永远敬爱你。"

波多丽女伯爵话语的羞辱，竟然成为了格林尼亚前进的动力。虽然，刚开始听到这样的语言，他也自卑、疯狂、偏执、较真过，但很快就醒悟了，他觉得自己应该看得开，那就要忍耐这些羞辱，而且应该努力，做出卓越的成绩。果然，当格林尼亚获得了诺贝尔化学奖，那位曾经羞辱自己的波多丽女伯爵只说了一句话"我永远敬爱你"。

一个人如果总是患得患失，太注重别人的态度，并将自己的得失建立在别人的言行上，那自己怎么会开心呢？对于自己的所作所为，别人肆意羞辱，那就让他羞辱好了，又何必在乎一个自己原本不在乎的人所说的话

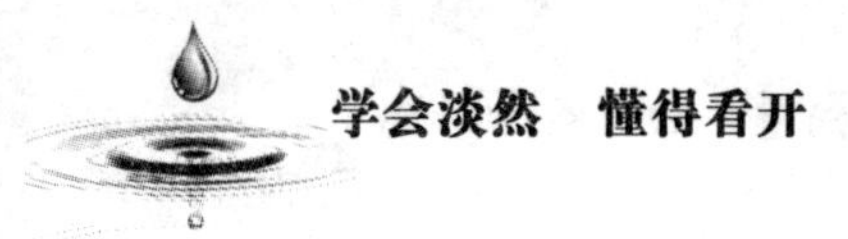

呢？如果对方没看清楚事实，那根本就是这个人的损失，与自己无关。我们应该学会忍耐，看得开，给予对方最有力的回击。

成败皆非终点，退一步就是晴天

古人曰："胜者不骄傲，败者不气馁。"在生活中，当我们成功的时候，绝不可骄傲；而当遇到挫折与失败之后，也决不能气馁。不管我们遭遇了什么样的结果，都应该看得开，因为成败皆非终点，退一步就是晴天。我们应该明白，成功只是一时的，失败也是不可避免的，成功者不应该表现得自己好像是常胜将军，而失败者不应该失去进取的信心。如果你总是成功后骄傲自满，而在失败后垂头丧气，自暴自弃，这就是看不开的心态，这样的心态是不应该有的，我们应该做到"胜不骄，败不馁"，戒骄戒躁，努力寻找自身的优点和缺点，强化自己，努力做到心平气和来面对成功和失败。在生活中，任何事业都有可能受挫，虽然为事业奋斗的人是伟大的，那些在失败面前能再次抬头前进的人也是值得尊敬的。

俗话说："失败乃成功之母。"其实，我们所遭遇的每一次挫折或不利的冲突，都带着同样或较大的有利的种子。挫折可以增长我们的经验，而经验则能够丰富智慧。明智的人绝不会坐下来为失败哀嚎，他们一定会积极地寻找办法进行挽救，试图获得下一次的成功。

年轻时候的富兰克林很骄傲，有一次，一个工友把富兰克林叫在一旁，大声对他说："富兰克林，像你这样是不行的！凡是别人与你意见不同的时候，你总是表现出一副强硬而自以为是的样子，你这种态度令人觉得如此难堪，以致别人懒得再听你的意见了。你的朋友们都觉得不同你在一起时比较自在些，你好像无所不知、无所不晓，别人对你无话可讲了，他们都懒得来和你谈话，因为他们觉得自己费了力气反而感到不愉快，你以这种态度来和别人交往，不去虚心听取别人的见解，这样对你自己根本没有好处，这样你从别人那里根本学不到一点东西，但是实际上你现在所

知道的却很有限。”富兰克林听了工友的斥责，讪讪地说道：“我很惭愧，不过，我也很想有所长进。”“那么，你现在要明白的第一件事就是，你已经太蠢了，现在还是太蠢了！”这个工友说完就离开了。

这番话让富兰克林受到了打击，他猛然醒悟了过来，他开始重新认识自己，与内心作了一次谈话，并提醒自己：“要马上行动起来！”后来，他逐渐克服了骄傲、自负的毛病，成为了著名的科学家、政治家和文学家。

如果我们仅仅在赢得了一次小小的成就之后，就翘起了骄傲的尾巴，那我们最后所遭遇的绝对会是失败。在案例中，听了工友的话，骄傲的富兰克林意识到了自己的缺点，并开始重新认识自己，逐渐克服了自负的毛病。最后，他真的迎来了人生的成功。

有一只小雁，曾经得过幼雁百米短飞赛的冠军，从此它就变得骄傲起来，不再参加飞行操练。同伴叫它一起去练习，它不但不去，反而把它们讥笑一番。

很快，冬天到了，雁群要远迁到南方，小雁很想出风头，就离开了雁群，使劲地往前飞，第二天就飞不动了。这时，暴风雨来了，小雁被击落在湖边。当小雁离队伍越来越远时，它才认识到了自己的错误，但它并不气馁，它坚定地表示：“我一定要赶上去！”于是，它开始了追赶雁群的坚信旅程。在飞行的途中，它的翅膀又痛又累，它忍受着；身子疲软乏力，它忍受着；伤口红肿发炎，它还是忍受着。这时，它脑海中只有一个念头：一定要回到队伍里去！终于，通过一些小动物的帮助以及自己的努力，它终于回到了队伍里。

从此以后，它再也不骄傲自满了，而是踏踏实实地参加飞行训练。

小雁经历了骄傲之后的失败，也经历了从失败中重新站起来。失败了，退一步，或许你就会成功。在生活中，我们何尝不是这样的经历呢？但令人惋惜的是，多少人都像那幼小的小雁一样，赢得了一点成绩就骄傲自负，但在失败后，他们却停止了前进的脚步。对于骄傲，人们承受得住，但在失败面前，人们往往像那斗败的公鸡一样垂头丧气。

失败和骄傲中间有一个临界点，当一个人赢得成功之后，如果他只是骄傲自满，那他很有可能马上所面临的就是失败；反之，当一个人遭遇失败之后，如果他能够及时地寻求方法进行补救，那他很有可能会再次成功。

难有完美，人生当容不足

天气如何风和日丽，总免不了留下随风的尘埃；人生如何的繁花似锦，却害怕迷失了壮阔的胸怀。其实，在这个世界，难有完美，人生当容不足。生活中，有不少自称“完美主义者”的人，他们不管对人还是对事，都是高标准、严要求，力争尽善尽美，即使做得十分出色，依然不能满意这样的结果。当然，在完美主义的促使下，他们往往会给自己设定远大的目标，并为之不断努力奋斗。其实，有一个词语叫做“物极必反”，当我们过分追求完美的时候，实际上已经陷入了一个病态的心理。心理学家说：“完美主义者，都有这样、那样的健康问题，比如沮丧、焦虑、忧郁、饮食紊乱、容易自杀等。”完美是一种理想的境界，我们可以无限度地接近完美，但永远不可能达到完美。仔细想想，世界上有什么东西是十全十美的呢？过去没有，现在没有，将来也没有。美国前总统罗斯福坦然向公众承认，假如自己的决策能够达到75%的正确率，那就达到了自己预期的最高标准了。即便是罗斯福尚且这样说，我们又何必看不开呢？

波波拉是位女教师，她一直觉得自己的长相不够完美，好像哪儿看起来都不顺眼，在经过一番心理挣扎之后，她决定去整容。整形医师仔细打量了她的五官，认为她长得并不难看，关键问题在于波波拉内心，她太过于追求十全十美。在波波拉的强烈坚持下，整形医师还是为她动了手术，不过只是稍微改善了她的五官，这比她自己所要求的要少很多。

手术之后，波波拉显得很不高兴，她一边打量镜子中的自己，一边埋怨：“你并没有对我的脸孔做太大的改变。”整形医师解释说：“你的脸孔本来就只需要稍作改善，问题是你使用脸孔的方式错了，你把它当作一

个面具，用来遮掩你的真实感觉。”波波拉低下头：“我已经尽自己最大的努力了。”医师没有说话，只是默默地看着她，波波拉沉默了许久，才默然地说道：“每天我到学校去的时候，就像戴了张面具，尽量表现出自己最好的一面，我认为自己不够好，我把所有的感情全部隐藏起来，只留下我认为正确的一部分。但是，令我难过的是，在我三年的教学生活中，孩子们总是嘲笑我。”

整形医师微笑着说：“孩子们嘲笑你，是因为他们已经看出你一直在演戏，他们了解你很自卑，你太过于追求完美了。其实，作为一名教师，并不一定要使自己表现得十分完美，偶尔也可以表现得愚蠢一点，这样孩子们就会尊重你了。记住，你就是你，不需要改变自己的容貌，而是改变自己的心态。”波波拉接受了医师的建议，从那时候开始，她再也不去在意自己的容貌，而是完全地接纳自己。最后，她成为了孩子们最喜欢的老师。

追求完美并不是健康的心理状态，心理学家曾做过一个实验：他们向大学生被试描述两个人，他们都有很强的能力，都有崇高的人格。但其中一个从来不犯错，另外一个有时会犯点小错误。要求被试回答：这两个人哪一个更可爱呢？结果，绝大部分被试认为那个有时会犯点小错误的人会更可爱。

有一天，国王来到花园散步，当他看到花园里的景象的时候，不禁大吃一惊。前些日子还绿意盎然的花园变得十分荒凉，美色早已不在。带着满腹疑团，国王询问了园丁：“究竟发生了什么事情啊，怎么花园会变成这样？”

园丁叹息着说：“我尊敬的国王啊！这是因为橡树想要追求十全十美，想要跟松树一样高大，所以死了；松树追求十全十美，想要跟葡萄一样能结出果实，所以也死了；而葡萄希望自己也能十全十美，像橡树一样直立，因此也死了；至于其他的植物花卉，也都是因为追求十全十美而死去了。所以，花园终于因此而渐渐荒凉了起来。”

听了园丁的话，国王陷入了沉思，一会儿，不经意抬头，他发现了花园里的草地依然生机蓬勃，不禁好奇地问园丁：“为什么其他植物都枯死了，只有这一片草地依然绿意盎然呢？”园丁微笑着说道：“这是因为小草们并不想成为松树、橡树、葡萄或者其他植物，它们知道自己的价值是什么，所以也只想做它们自己而已。因为这样的想法，所以，它们自然就生机蓬勃，绿意盎然！”

其实，完美并不能与优秀画等号，前者总是懊恼不成功，后者却总是享受成功与快乐。生活中，不要将完美当成自己的束缚，从而让自己失去快乐。断臂维纳斯成为世界女性艺术美的典范，就是因为无臂。实际上，维纳斯原作是有手臂的，只是因为成了碎片，无法修复。后来，许多人试着帮她装上双臂，但却发现有臂的维纳斯反而不如无臂美，就没有安上双臂。无臂维纳斯可以让人想象出维纳斯双臂的各种美的姿态，假如她有完美的双臂，反而会让人觉得单调无味。

有位油画家曾说：“天池是不能画的，太蓝，太绿，画出来像假的。”生活本来就是不完美的，总会有许多不如意和不开心的事情，只要把握住我们能把握好的就可以了。对生活不要太苛刻，要看得开，凡事开心才是最重要的。如果凡事要求自己做得十全十美，每天处心积虑地生活，那是一件身心疲惫的事情。

生活中，不必过分追求完美，如果你想做好一件事情，讲究的是成功，只要你尽了力，而且达到了预期的目的，那就没有必要去追求所谓的完美。当我们做好一件事情之后，可以反思，也可以总结经验，千万不要因一点小小的缺憾而自责，如果你因过分追求完美而陷入自责的怪圈中，那你还有精力去做好这件事吗？

心放宽，接受生活中的不公平

比尔·盖茨说：“社会是不公平的，我们要试着接受它。”在这个世界没有绝对的公平，假如真的绝对公平了，反而会是另外一种不公平。一个人从呱呱坠地出生，就有很多的不公平，有可能是出生背景不同、

家庭关系不同、受教育程度不同。面对这样的情况，如果我们处处较真，抱怨上天对我们的不公平，那只会让自己陷入一个痛苦的怪圈。最让我们感到心里不平衡的，那是从前跟我们在一个水平线上的人，今天突然之间变得不一样了，一起工作的他却升职加薪了，一起做生意他却发财了。别人做事情总是处处顺利，而自己则是处处碰壁。每天我们为了生存，不得不努力地挣扎着，以争取属于自己的那片天地。但在很多时候，我们努力了，却没有得到期望的结果。这时不要看不开，不要哭泣，也不要怨天尤人，我们需要放宽心，平静地面对这个世界，因为在这个世界没有绝对的公平。

一个人活着，他就注定了有机遇、有坎坷、有欢乐、有痛苦，即便我们付出了所有的精力和心血，都不会换来公平的待遇。在生活中，有的东西既然别人得到了，我们就不要再去争，这样只会徒劳无益；假如自己得到了，那就好好珍惜，别人也不会轻易就能剥夺你的所有。在这个世界上，从来都是一分耕耘，一分收获，有所失才会有所获得，只有有了对生活、对工作的付出，才有可能得到期望的回报。在生活中，有的人比较幸运，他可以利用身边可以利用的一切资源，很快地过上了令人羡慕的生活，而若自己暂时一无所有，则需要认清生活中存在的不公平，把自己的劣势变成自己努力奋斗的动力，发挥自己的长处，寻找机会，坚持自己想干的事情，这样才可以扭转我们所认为的不公平。

有这样两个渔人，一起出去捕鱼。

他们来到河边，两人捕了很多的鱼。在分鱼的时候，两人发生了争执，都说自己分少了，对方分多了。没有办法，他们决定在河边挖一个水坑，暂时把鱼放在里面，回家去拿秤来重新分配。可是等他们回来的时候，水坑里的鱼却早已经从里面跳出来，游进了河里。他们感到十分懊恼，互相埋怨对方。

在这时，他们听见了野鸭的叫声，决定去捕野鸭。正当他们接近野鸭准备射击的时候，其中一个人说："先别忙，咱们先说好野鸭怎么分配，免得又让野鸭跑了。"于是，两人为分配的事情又争吵了起来，他们争吵的声音惊动了野鸭，野鸭马上就飞走了，可两人仍在那里争吵不休。

在生活中，我们经常也会遇到这样的事情，本来彼此之间合作得很好，但双方都在计较公平分配，结果，已经到手的利益成为了竹篮打水一场空，谁也没拿到好处。也经常会有这样一些人，当事情还没办成的时候，就为了计较彼此之间的公平而在分配上争吵，而争吵的结果就是所办的事情不了了之。其实，在许多小事情上，绝不能拘泥绝对的公平，因为绝对的公平是不存在的。重要的是，我们要善于从长远利益出发，所谓小不忍则乱大谋，切忌处处较真，斤斤计较。

虽然，社会提倡伸张正义、主持公道，而那些政治家们在每一篇竞选演讲中也会慷慨陈词："让每一个人都得到平等与公平的待遇。"但是，日复一日、年复一年，一个世纪过去了，我们也无法真正地消除世界上那些不公平的现象。实际上，从人类有史以来，这些现象就从来没有消失过，贫困、战争、瘟疫、犯罪、卖淫、吸毒和谋杀等各种社会弊病一代代延续着，某些地区还会愈演愈烈。我们应该明白，这些不公平现象的存在是必然的，当我们无法改变这一切的时候，我们可以努力改变自己，不让自己陷入一种惰性，并用自己的智慧去努力争取。

在生活与工作中，经常可以听到有人这样发泄："这简直太不公平了！"当我们感到某件事不公平的时候，必然会把自己同另外一个人或另外一群人进行比较，我们会想：他比我得到的多，这就很不公平。如果你越是看不开，那你就越是觉得自己是最不公平的。

凡事只要我们无悔地付出，至于结果怎么样，不要太在意，我们只求自己心灵的平衡。付出过，努力过，拼搏过，那就无怨无悔。对于生活中的许多事情，不要太去计较不公平的待遇，而只求得内心的安慰就可以了，这样我们才无愧于心。

不要在失败的阴影中自哀自怜

哲人说："挫折造就生活。"凡是能够成大事者，他们都必须经得

起挫折的历练，经得起失败的打击，因为成功是需要风雨的洗礼。一个人要想成功，就应该有意识地培养自己的忍耐力，而不要在失败的阴影中自哀自怜。挫折与失败就好像是一块石头，对于那些内心脆弱的人而言，它是一块绊脚石，那块石头让他们止步不前；而对于内心极具忍耐力的人而言，它就是一块垫脚石，它会让你看得更远，站得更高。一个人若是经不住失败，受不了生活的洗练，那他只会沉浸在失败带来的痛苦之中，除了不断地抱怨，别无他法，在他心中，没有希望，也没有前进的方向。实际上，挫折从来都不是绊脚石，在经受失败和挫折的过程中，锻炼了我们受挫折的忍耐力，而我们所从失败中汲取的经验和教训将成为我们再次赢得成功的有力保证。一个想成大事的人，应该不畏惧失败和挫折，不会沉浸在失败的痛苦中，他们看得开失败，自然容易成功。

一位少年自认为看破了红尘，放下了一切，历经了千辛万苦找到了隐藏在深山里的寺院，他要求见方丈想出家，他认为自己只有在这里才能真正地洗去城市的繁华与浮躁。方丈仔细打量着少年，问道："做和尚要独守孤灯，终身不娶，你能做到吗？"少年坚定地回答："能。"方丈又问："做和尚要每日三餐粗茶淡饭，粗衣薄褂夏热冬寒，你能忍受得了吗？"少年回答说："能。"方丈又问："做和尚要无欲无求、无怨无恨，不问恩情，不记仇恨，无论任何时候都要心如明镜、不染尘埃，你能做到吗？"少年斩钉截铁地说："能。"然后，方丈问了一些关于佛法的东西，少年都能作出很好的回答。但是，最后，方丈拒绝了少年出家的请求，而是把少年送下了山。临走时，方丈留下了这样一句话："未曾拿起莫谈放下，当你真正拿起时，你再回来告我你还能不能放得下。"

真正看开一切，应该是无欲无求、无怨无恨，不问恩情，不记仇恨，无论任何时候都要心如明镜，而这一些需要强大的受挫忍耐能力。没有真正地经历过失败，自然就没有足够的忍耐挫折力，失败一旦降临，少年便冲动地想要逃避整个现实世界，想来在他心中还是有怨气，所以，他的请求遭到了方丈的拒绝。

杨润丹是美国杨氏设计公司的总裁，同时，她也是一位资深生活设计师。早年，她毕业于纽约大学的室内设计专业，后来在美国密歇根大学获得硕士学位。作为设计行业的领军人物，她已经从事设计工作三十年了，在工作中，她倡导创造高品质的生活，并将不同的潮流设计带入到室内外的设计中。与此同时，她所创造的品牌不断发展壮大，得到了越来越多人的支持与认可。

初识杨润丹，发现她是一个优雅恬淡的女子：细柔的言语、恬淡的笑容。但是，随着交谈的深入，很快发现她并不是一个柔弱的女子，在她的骨子里有着一份比男人更强的坚韧、执着。在受传统思想影响的社会，一个女人想要做成事真的很难，她们往往比男人付出更多，却收效甚微。杨润丹说："我并不想做一个女强人，也不喜欢别人这样称呼我。在中国，大部分的女性都很优秀，而我只是找到了自己想要去坚持和努力的信仰，凭着那份坚韧与执着一步步走下去而已。"

早年，移居美国的杨润丹随着父亲第一次踏上中国，后来，由于设计便常常往返于中国与美国之间。随着对中国的熟悉，心有志向的杨润丹决定在中国成立公司。刚开始创业的时候，她白天做设计，晚上去工地检查、指导、学习，回忆那段辛苦的日子，她说："一个女人在北京，我们没有任何背景，没有任何关系，一开始赔光了很多钱，无数次想背包回去不来了，在那会我还生病，可是我想这么多人跟着你，人家把工作给你，就是相信你，所以，我只能成功，不能后退。"

一个对未来有追求和抱负的人，他们总是视失败为动力，将失败当成他们走向成功的一块跳板，他们从来不去抱怨那些挫折，也从来不去埋怨别人，更不会与自己斗气。因为他们比谁都明白，失败是人生的一门必修课，自己是否能顺利毕业，决定于内心是否强劲。当然，失败并不是不可挽救的，它有一定的必然性，因此，即便我们遭遇了失败，也不要与自己斗气，不要怨天尤人，埋怨只会无限地扩大失败带来的破坏性，它只会让我们越来越堕落。面对失败，我们所需要做的就是不畏惧，直面失败，将"败气"、"怨气"通通都咽下，将生活中的每一次失败当成是一次考验，那我们就一定能战胜失败，从而再次赢得成功。

泥泞的路才会留下清晰的脚印

曾任美国副总统的戈尔曾说：“自古以来的伟人，大多是抱着不屈不挠的精神，在逆境中挣扎着奋斗过来的。”在人生这条充满荆棘的泥泞路上，我们常常会遇到这样或那样的挫折与困难，然而，只有我们努力走过去了，在那泥泞的路上才会留下我们清晰的脚印。古人曰：“白糖尝尽方谈甜，百盐尝尽才懂咸。”与河流一样，如果人生不经受历练，那就显得单调、幼稚。甚至，我们可以这样说，不经历挫折的人生是空白的。或许，我们并不知道前方有多少挫折在等着我们，但是，有一点是很明确的，那就是这些挫折是不可避免的。在挫折面前，我们的力量是有限的，但挫折却是层出不穷的，当我们战胜了一个挫折，又会有更大的挫折在等着我们，人生就是这样一个不断前进的过程。

鉴真和尚刚剃度时，住持让他做了谁都不愿做的行脚僧。

一天，日已三竿，鉴真依旧大睡不起，且床边堆满了破破烂烂的芒鞋。

住持叫醒鉴真问：“你今天不外出化缘，堆这么一堆破芒鞋做什么？”

鉴真埋怨道：“我刚剃度一年多，就穿烂了这么多的鞋子，我是不是该为庙里节省些鞋子了？”

住持一听明白了，微微一笑说：“昨天夜里落了一场雨，你随我到寺前的路上走走看看吧。” 寺前是一座黄土坡，由于刚下过雨，路面泥泞不堪。住持捻须一笑：“你昨天是否在这条路上走过？”鉴真说：“当然。”住持问：“你能找到自己的脚印吗？”鉴真十分不解地说：“昨天这路又坦又硬，小僧哪能找到自己的脚印？”住持又笑笑说：“今天我俩在这路上走一遭，你能找到你的脚印吗？”鉴真说：“当然能了。”住持听了，微笑着拍着鉴真的肩说：“泥泞的路，才能留下脚印啊！”

人生的道路总是充满泥泞的，不可能是平坦的，不过我们想要留下有价值的脚印，就一定要走过泥泞不堪的道路。那些一生碌碌无为的人，不经历挫折和坎坷，平平淡淡过一生，到最后什么也没留下。而那些经历了风雨和坎坷的人，在泥泞路上不断前行，所以走过去，他们就留下了清晰的脚印。人生只有经历了坎坷，不畏挫折，生命才会如此深刻。

小时候，妈妈总是这样说："你能做到，玫琳凯，你一定能做到。"玫琳凯女士不仅将这句话作为自己的座右铭，而且将这句话作为公司的理念来激励更多未来的女性。玫琳凯坦言，自己想创建公司是在遇到了一些挫折之后才真正的开始。

玫琳凯女士曾在直销行业工作了25年，当时，她已经做到了全国培训督导。但是，眼看着自己的一位男下属得到了提拔，而且薪水将是自己的两倍，玫琳凯女士毅然决定辞职，实现自己的一个理想。她说："我建立公司时的设想是想让所有女性都能够获得她们所期望的成功，这扇门为那些愿意付出并有勇气实现梦想的女性带来了无限的机会。"然而，在创业之初，她经历了多次失败，也走了不少弯路，但是，她从来不灰心、不泄气，反而这样诙谐地解释："挫折是化了妆的祝福。"最后，她创建了玫琳凯公司，玫琳凯女士这样说道："从空气动力学的角度看，大黄蜂是无论如何也不会飞的，因为它身体沉重，而翅膀又太脆弱，但是人们忘记告诉大黄蜂这些。女性就是如此——只要给她们以机会、鼓励和荣誉，她们就能展翅高飞。"

曾国藩说："吾平生长进，全在受挫受辱之时，打掉门牙之时多矣，无一不和血一块吞下。"如果经不起挫折，受不了历练，凡事看不开，我们将沉埋在痛苦的生活里，永远没有希望，也没有前进的方向。其实，挫折带来的并不全是坏事，它能使我们的人生绽放出最美丽的成功之花，而从挫折中汲取到的教训将是我们迈向成功的垫脚石。

挫折是一门生活必修课，但是这并不是说挫折是不可战胜的，挫折的必然性让我们在遇到它时就没有必要怨天尤人。因为挫折不具备不可战胜性，所以，面对挫折，不必畏惧，迎难而上，直面挫折，把生活中的每一个挫折都看做是上天考验我们的一次机会，只要心中怀着必胜的信念，对自己说"我能行！"那么，我们就一定能战胜挫折，采摘成功的果实。

下篇　随缘，生命快乐自在

第8章　凡事都看开，自在即可快乐

中国人常说："随缘吧。"这不是一种消极待世的态度，而是一种达观和不强求的淡然。的确，人生的聚散离合、成功失败皆因缘，缘分巧妙，却不为世人掌控。而生活中的一些人为什么会烦恼和痛苦？也皆因苛求缘分。新时代的人们，不妨洒脱一点，反思随缘，因为内心自在才可获得真正的快乐。

祸莫大于不知足，知足即常乐

"祸莫大于不知足"，"贪者，恶之大也"，"非智之不足，非技之不胜，利令智昏，贪婪之心，才是天下祸机之所伏"。不得不说，不知足是人性的一大弱点。这类人因为有错误的价值观念，存在极端的个人主义思想，常常会得陇望蜀，有了票子，想房子，有了房子，想位子，从不会满足。于是，他们陷入了无止境的欲求之中，一旦自己的欲求满足不了，就开始产生焦虑情绪，又有何快乐可言？

"知足才能长乐"，芸芸众生都知道这个道理，但似乎只有极少数人才能达到这个境界。所以，不知足的人不能感受到生活的乐趣所在，他们马不停蹄地追逐目标，却往往忽视了人生于世的终极目标是快乐。世上没

有比快乐更可贵、更难得、更为人们所普遍追求的东西了。在俄国诗人涅克拉索夫的长诗《在俄罗斯，谁能幸福和快乐》中，诗人找遍俄国，最终找到的快乐人物竟是枕锄瞌睡的农夫。是的，这位农夫有强壮的身体，能吃、能喝、能睡，从他打瞌睡的倦态中以及打呼噜的声音中，无不飞扬和流露出由衷的开心。这位农夫为什么能开心?不外乎两个原因，一是知足常乐，二是劳动能给人带来快乐。

不管你是在温室中成长，还是在困苦中挣扎，欲望都会存在于你的心中，欲望可以成为我们的信念，支撑我们渡过难关，但是欲望也像鸦片，容易上瘾。皮埃尔·布尔古说过：“人们常常听到这样一句话：‘是欲望毁了他。’然而，这往往是错误的。并不是欲望毁了人，而是无能、懒惰，或糊涂。”

有这样一个故事：

从前，一家弟兄三人，老大是笨蛋一个，四十好几的人，还是光棍一条。整日里破衣烂衫，连一身像样的衣服都没有。有人问他：“你最大的心愿是什么？”他情不自禁地脱口而出：“要随我意，天天新衣。”

而老二，则是小康之家，衣食无缺。只是长相太丑陋，又找了一个比他还要难看的女人为妻。所以，当问到他的心愿时，他就迫不及待地说：“要随我心，天天娶亲。”

而老三由于经营有方，再加上天资聪慧和时来运转，已经是远近闻名的富豪了。当人们问他有什么心愿时，他却毫不顾忌地说：“要随我心，挖一窨金。”……

这是个故事，但从中足可以深刻地看出人的贪婪之心。“人心不足蛇吞象”，多么贴切的比喻。贪婪之心，就像是一个恶魔，一旦附身，就会让人难以善终。仔细再想，其实我们每个人又何尝不是如此呢?

我们可以发现，有些大款虽然守着一堆花花绿绿的票子，守着一幢豪华的洋房，守着一位貌合神离的天仙，却未必能咀嚼到人生的真趣味。幸福不幸福，同样也不能用手中的“权”来衡量。有了权，未必就能天天开心。我们时常看见，有些弄权者为了保住自己的“乌纱帽”，处处阿谀逢迎，事事言听计从。失去了做人的尊严，哪里还有什么真正的开心?

有的人利用手中的权，拿公款大吃大喝，游山玩水，上歌厅舞厅，虽然获得了一时的感官刺激，找到了一时的开心，但却给自己带来了诉不完的懊悔。他们就像歌德笔下的浮士德，拿自己的灵魂去换取一段开心快乐的时刻，结果变成了傻瓜，他们最后失去的不仅仅是快乐和开心，甚至连生命也一起失去了。

我想，我们也应该好好反思一下到底什么是真正的快乐了，那么，我们怎样才能做到知足呢？

1. 警示自己

我们可以以前人的正反事例来警示自己。现实中的许多人，因为贪婪，以至于身败名裂，留下千古骂名，到头来后悔晚矣。我们要以这些事例时刻警示自己，消除贪婪心理。

2. 自我反思法

你可以拿出一张纸，然后在纸上连续20次用笔回答“我喜欢……”这个问题。回答时应不假思索，一口气回答完，限时20秒钟，等你全部写完后，你应该逐一分析哪些欲望是合理的，哪些是过分的，这样就可明确贪婪的对象与范围，最后对造成贪婪心理的原因与危害，自己作较深层的分析。

3. 常保知足之心

人们常说：“知足常乐。”“知足”，就不会心生邪念，而“常乐”也就能保持心理平衡了。

我们都是平凡的人，不可能做到无所追求，但生命只有一次，而且时间是有限的，人生在世只有短短的几十年而已。所以，每个人都应该珍惜自己的生命，在有限的时间里不要让自己太疲惫，要让自己过得快乐一点。人活一世为了什么？就是为了快乐，快乐是人生最大的财富。

一切随缘，顺其自然

在这个世界上，凡事不可能一帆风顺，事事如意，总会有烦恼和忧

愁。当不顺心的事时常萦绕着我们的时候，我们该如何面对呢？“随缘自适，烦恼即去”。很多时候，我们若能做到凡事随缘，不刻意追逐，反而能获得“柳暗花明又一村”的意外惊喜。世间一切事物，皆有缘而来，也皆因缘而去，所谓：“塞翁失马，焉知非福。”所以，做自己该做的事，若自己已经尽力了，剩下的一切随缘。

其实，随缘并不是消极的心态，而是一种进取，是智者的行为。何为随？随并非跟随，而是顺其自然，是不强求、不刻板、不慌乱；随也不是随便，而是随机缘，不悲观，是一种达观和洒脱，是一份人生的成熟，一份人情的练达。而何为缘？世间万物的聚散皆是缘，缘存在我们生活的每个角落，常言说，“有缘千里来相会，无缘对面不相识”就是这个道理，茫茫人海中，相遇是缘，离散也因缘尽，毕竟“天下没有不散的筵席”，缘是一种存在，是一个过程。

缘分如此巧妙，我们又何必强求呢？凡事随缘吧，抱着这样的心态，那么，即便事态如何发展，我们也不会扰乱心境。

和煦的春风里，师傅带着小和尚来到寺庙的后院，打扫冬日里留下的枯木残叶。小和尚建议说：“师傅，枯叶是养料，快撒点种子吧！”

师傅曰：“不着急，随时。”

种子到手了，师傅对小和尚说：“去种吧。”不料，一阵风起，撒下去不少，也吹走不少。

小和尚着急地对师傅说：“师傅，好多种子都被吹飞了。”

师傅说：“没关系，吹走的净是空的，撒下去也发不了芽，随性。”

刚撒完种子，这时飞来几只小鸟，在土里一阵刨食。小和尚急着对小鸟连轰带赶，然后向师傅报告说：“糟了，种子都被鸟吃了。”

师傅说：“急什么，种子多着呢，吃不完，随遇。”

半夜，一阵狂风暴雨。小和尚来到师傅房间带着哭腔对师傅说：“这下全完了，种子都被雨水冲走了。”

师傅答：“冲就冲吧，冲到哪儿都是发芽，随缘。”

几天过去了，昔日光秃秃的地上长出了许多新绿，连没有播种到的地方也有小苗探出了头。小和尚高兴地说：“师傅，快来看呐，都长出来了。”

师傅却依然平静如昔地说：“应该是这样吧，随喜。”

这则故事告诉我们，人生无常，但只要我们保持内心平静，那么，无论外在世界怎么变化莫测，我们都能坦然面对，做到不为情感左右，不为名利所牵引。

德国的一位哲学家曾讲过这么一段话：没有什么情感比焦虑更令人苦恼了，它给我们的心理造成巨大的痛苦。因此，无论发生什么事，我们都要保持平常心，做到凡事随缘。

首先，我们不可过分在意得失，不过分看重成败，不过分在乎别人对自己的看法。我们要坚信：只要自己努力过，做了自己喜欢做的事，还有什么在心里放不下的呢？诚然，有时候，我们会遭遇一些恶劣的命运，但除了认清事实、勇敢接受外，我们还必须努力改变现状，争取走出困境，赢取美好的生活。

另外，我们还需要拥有一份平常心。人生不可能总是大红大紫，不可能总是处于巅峰状态，也有可能处于低谷，也可能遭遇不顺。但总体来说，人生是平淡的，对待平淡的人生，我们也应该让自己的心静下来。懂得了这个道理，得意时你才不至于猖狂；失意时，你才不至于绝望；孤独时，才不会心情惆怅。

大千世界，可谓是有事必有缘，如喜缘，福缘，人缘，财缘，机缘，善缘，恶缘等。万事随缘，随顺自然，这不仅是禅者的态度，更是我们快乐人生所需要的一种精神。随缘是一种平和的生存态度，也是一种生存的禅境。“宠辱不惊，闲看庭前花开花落；去留无意，漫随天外云卷云舒。”放得下宠辱，那便是安详自在。

人生的平淡和起起伏伏都是一种生命的轨迹，而只有内心平和的人才能体味其中的真谛，因此，我们不妨以平常心看待生活，用心去享受简单生活中的快乐、幸福！

珍惜自己所有的，幸福就在身边

生活中，我们常常听到身边的人抱怨道："哎！工作太累，天天都有做不完的活，连喘口气的机会都没有！""看看我们公司的那伙人，那是什么素质简直没法说！""我们家那位一天只知道挣钱，连结婚纪念日都忘记了。""我怎么就生了这么笨的一个儿子，学习上好像从来不用脑子。"……抱怨就像瘟疫一样在我们周围蔓延，愈演愈烈。其实，人们牢骚满腹，是因为他们不懂得珍惜，他们只看到生活不如意的地方，而没有把眼光放到美的一面。其实，只要我们学会珍惜当下所拥有的，幸福就会常伴我们左右。

张岚今年35岁了，和丈夫的婚姻也已经到了七年之痒的时候。这年，命运给她安排了一场突如其来的灾难，她后来常常想，如果没有这场灾难，也许她和丈夫早已劳燕分飞。因为当时他们已经没有任何在一起的理由——丈夫马上要出国，可以拿到几倍的薪水，而张岚也可以像时尚杂志中的单身贵妇一样再寻寻觅觅，找一个配得上自己身份和收入的男人。但命运不是这样安排的：

在丈夫即将出国前，她发现，她身边的任何一个女性朋友，无不是住着豪华别墅，丈夫或者情人也无不是行业内的精英或者大老板，而自己的丈夫只不过是技术人员，他的收入让自己过着不痛不痒的日子，这样的日子她已经受够了，同是名牌大学毕业，为什么自己和姐妹们的命运如此不同？

于是，她和丈夫不断争吵，但正如人们说的，"家和万事兴"，不兴，则祸事而至。一天，她在上班的路上，出了车祸，但她从医院醒来，她发现，身边那个男人已经泣不成声，那一刻，她发现了这个男人的好，她想起了她们恋爱的那些日子。

那时候，她是个害羞、胆小的姑娘，因为担心自己不够优秀，所以不敢去爱优秀的男孩；因为害怕将来失去，所以索性现在拒绝；但真的拒绝了，又怅然若失。直到有一天，她恍然大悟——她遇到一个男人，他们一起收养了一只小狗，再后来，他们相爱了。一次闲聊时，她问他："如果哪天出现了比我更好的女孩……"他说："如果有一天，你遇到了比现在这只小狗更可爱的……"她说："我不会的，这小狗跟了我那么长时间，我们有感情了。"他说："哦，原来你懂得感情。我还以为你不懂呢。"于是，很快，尽管遭到了很多人的反对，但他们还是结婚了。

直到那一刻，付出沉重得不能再沉重的代价，张岚才知道真爱是不可以算计的，因为人算不如天算——如果一个人爱你，他必须爱你的生命，必须肯与你患难与共，必须在你危难的时候留在你的身边而不是转过脸去，否则，那就不叫爱，那叫"醒时同交欢，醉后各分散"，那种爱，虽然时尚，虽然轻快，但是没什么价值。

这场车祸后，张岚在丈夫的照料下，很快康复了，他们之间的婚姻也"康复"了。

这个故事中，我们看到了一个结婚女人的心路历程。她应该感谢这场车祸，让她看到了自己的幸福，抛开了那些世俗的想法。

现实生活中，可能我们的周围有很多张岚这样的人，他们攀比后的结论就是抱怨：生活为什么如此艰辛，孩子为什么这么不听话，老板为什么要这么吝啬……好好的一天，好好的心情，就因为抱怨而蒙上阴影，这样的你幸福吗？当然不，那这种不幸福是谁造成的，是你自己！

其实，要想获得幸福并不难，只要我们学会珍惜，这样你会发现，我是个淳朴的人，我有着可爱的孩子，我的爱人对我很忠贞，这样，你还会羡慕那些浮华的生活吗？还会抱怨吗？

不得不承认，认为自己可以获得更多，总是苛求生活，是导致人们不快乐的主要原因之一，他们总要按照一个不切实际的计划生活，总是跟自己过不去，总认为自己时机未到，所以整体都闷闷不乐，而快乐的人则能看到生活中美好的一面，他们抱着知足的心，工作生活起来都开心、满足、有滋有味。因为他们懂得生活的艺术，知道适时进退，取舍得当。快乐把握在今天，而不是等待将来。事实上，我们每天可以做自己喜欢的事情，不在乎表面上的虚荣，凡事淡然，不苛求，那么，快乐、幸福就离我们不远了。

什么是幸福？幸福是一种心境，淡泊宁静，不计较得失，不在乎成败。这是一种睿智的生活态度和生活方式，是对现代文明压抑的一种反抗。

人不能改变过去，也不能控制将来，人能控制改变的只是此时此刻的心念、语言和行为。过去和未来的东西都虚无缥缈，只有当下此刻才是真实的。因此，无论人的生命长久与短暂，人生的道路应该是宽阔有风景的，享受过程应该是愉快幸福的。我们每个人都应该珍惜每一天的到来。

实际上，一个人的人生坐标定在什么位置，就有什么样的幸福。最大的幸福莫过于好好活着，珍惜当下。人生在世，会经历许多事情，坎坎坷坷，酸甜苦辣。其实，幸福就在我们身边，是要寻找和创造的。

顺应事态发展，无欲者才心安

生活，本就是一个充满着复杂事物的名词。按照世俗的标准，人们在做事的时候，有成功，就有失败；有得意之作，也就有失意之作；有过艰辛，当然也伴随着快乐。成功如何？失败如何？其实，这些都是生活的插曲而已。“凡事顺其自然；遇事处之泰然；得意之时淡然；失意之时坦然；艰辛曲折必然；历尽沧桑悟然。” 这“六然”的句子，凝集了人生的处世智慧。然而，人们更愿意相信事在人为，当然，相信人的力量是积极向上的一种表现，但刻意的追求可能会带来失落、沮丧、遗憾等，以自然的心态面对，反而会收获满满！

据史书记载，距今一千四百多年前，我国南北朝时期的北魏，有一位名叫罗结的大将军，是个罕见的长寿者，终年120岁。他在谈长寿秘诀时说：“饮食有节，起居有常，作息有时，清心寡欲，少说多做，无忧无虑。”当时的太武帝听后欣喜地说：“大将军所言极是，世上许多美事，人们顺其自然，即不欲而得。”

中国十大寿星的长寿秘诀：一是饮食节制，二是起居规律，三是心胸宽广，四是家庭和睦，五是勤劳好动，六是遗传基因。

强扭的瓜不甜，强求的事难成，凡事顺其自然，无欲则刚，抱着这样的心态，淡然处之，有时候事态反而会朝着我们希望的方向发展。

一位少年一心想早日成名，于是拜一位剑术高人为师。他迫不及待地问师傅多久才能学成，师傅答曰："十年。"少年又问如果他全力以赴，夜以继日要多久。师傅回答："那就要三十年。"少年还不死心，问如果拼死修炼要多久，师傅回答："七十年。"

这里，少年学成并非真的要七十年，师傅之所以如此回答，是因为他看到了少年的心态，少年可谓是不惜一切想尽快成功，但没有平和的心态，势必会以失败告终。渴望成功、努力追求都没有错，但渴望一夜成名的心态反而会使人欲速则不达。

其实，不光是这个少年，在现实生活中，也有一些急功近利的人，他们只追求速度，往往因为心态浮躁而把事情做砸。的确，我们都希望事情顺利，但实际情况与我们的主观愿望往往是有差距的，我们只有认识并学会调整这一差距，才能真正做到无欲无求，顺其自然。

当然，顺其自然，并不是要让我们消极待世，相反，它是站在更高层次来俯视生活的一种态度，是要鼓励我们对生活充满热情。

有这样一个年轻人，他认为自己已经看破红尘，于是，他什么都没干，每天只是懒洋洋地躺在树底下。

有一个智者见到此景，想开导他，于是就问他："年轻人，你这么年纪轻轻的，怎么不去工作、赚钱？"

年轻人说："没意思，赚了钱还是要花掉。"

智者又问："你怎么不结婚？"

年轻人说："没意思，现在多少离婚的？"

智者说："你怎么不交一些朋友？"

年轻人说："没意思，交了朋友弄不好会反目成仇。"

智者给年轻人一根绳子说："那这样吧，你干脆用它了结生命吧，反正也得死，还不如现在死了算了。"

年轻人说："我不想死。"

智者于是说：“生命是一个过程，不是一个结果。”年轻人幡然醒悟。

这就叫“一句话点醒梦中人”。一个年轻轻轻的人，却变得老态龙钟，什么都不愿尝试，对生活失去热情，这样，生命还有什么意义呢？

安诺德曾说：“世界上最糟糕的事，莫过于人类丧失了他的热情。只要仍保有热情，即使失去了一切，他仍旧能够东山再起。”热情的原意，是“神在其中”，我们原都拥有它，而我们应该做的，便是使它重燃再现。

生活中的人们，现在我们来假想一下：如果你站在大树下，看蚂蚁为了一粒米粒，争斗得头破血流，你会想什么？如果你听到一只站在篮球上的蚂蚁说，这就是整个世界，你会想什么？如果你看到一只蚂蚁，坐在水盆中的树叶上，却以为坐上了航空母舰时，你会想什么？是可怜！是可笑！是可悲！还是可爱！或许有更高级的生灵也在那样俯视着我们。如果你能顺其自然，或许你可以让你的思想升到高空，也可以俯视大地。当人们都顺其自然了，那淡然、泰然、必然、坦然、悟然也就水到渠成，那人生何来得意、失意、艰辛、沧桑？

顺应机缘，方能任其自然

生活中，我们常常听到机缘一词，所谓“机缘”，即使“机会”和“缘分”的意思，就是凡事不可强求，顺应自然，我们才能够心境平和、淡泊自然。诚然，我们总希望万事如意，但这只是我们的美好愿望，我们无法掌控事态的发展。因此，与其殚精竭虑，不如顺应机缘，这样，我们才会有个灿烂的好心情。

俗话说：“命里有时终须有，命里无时莫强求。”生活对于每个人来说，蕴藏着无限的哲理与深意，要做到不为世事缠缚，洒脱自在，就必须对生活的要求不能太多。

生活中，常有人会有这样的感慨和迷惑：“为什么他（她）不喜欢我了？”“为什么要离开我？”“为什么会是这样？”但若从机缘的角度看，不喜欢不需要任何理由，喜欢也不需要任何理由；理解不需要任何理由，不理解也不需要任何理由。缘分就是缘分，不需要任何理由。随缘不变，则是不违背真理。庄子妻死，他知道生死如春夏秋冬四季的变化运行，既不能改变，也不可抗拒，所以他能“顺天安命，鼓盆而歌”；不然，人死不能复活，再悲伤又有何用？人生在世，为了梦想免不了要奋斗拼搏，但爱拼未必就一定能赢，许多时候，我们的努力要么付之东流，要么收效甚微。这时，怎么办？最好的办法只能是随缘自适，淡看结果。因为很多事情你越想得到它，越汲汲以求，反而往往会越远离你，正所谓人生贵随缘，万事不强求。

如此看来，随缘实在不是放弃追求，没有原则，得过且过，听天由命，而是让人以豁达的心态去面对生活，尤其是追求的结果，因为有许多事情确实是个人的主观努力无法解决，所以古人才有所谓“尽人事而知天命”的感喟。

“有缘即住无缘去，一任清风送白云。”人生当然要有所追求，求而得之，我之所喜；求而不得，我亦无忧。若如此，人生哪里还会有什么烦恼可言?苦乐随缘，得失随缘，以“入世”的态度去耕耘，以“出世”的态度去收获，这就是随缘人生的最高境界。

总之，如果你想活得辉煌，你就得活得痛苦些；如果你想活得随意，你就会活得快乐些。生活本身就是平淡的，花开花落，云卷云舒。如果我们都以花开花落的平常心态，对个人的荣辱得失泰然处之，做到自然而不牵强，自重而不炫耀，自信而不傲慢，自强而不失谦逊，这是何等的境界！

第9章　做人不苛求，做事不强求

人世间充满了成败得失、荣辱功过，无数人为了这些而呕心沥血、殚精竭虑、机关算尽，但到最后，他们才发现，原来一切都是过眼云烟，最终都化为尘土，随风飘去了，留下的还能有什么呢？似乎都没有发生过。那既然如此，又何必苛求自己、强求他人呢？卸下这些束缚心灵的负担，凡事随缘，轻松愉快地走过这短短几十年的人世光阴，才是我们生命最本质的简单诠释！

强求别人往往迷失自己

我们都知道，人虽然是社会的人，但同时，人又是有差异的个体。每个人都有各自的阅历、各自的潜质、各自的特点、各自的生活方式，因此，没有两个完全相同的人，人们的想法和做事方式也就有了差异。我们绝不可将自己的想法强加于他人，更不能强求他人。曾经有这样一句话："道德是一种修养，不是一种权力，道德最适合拿来约束自己，不适合拿来压制别人。道德如果成为运动，也是'自己做'运动。"这句话也是告诉我们要尊重他人。

一个学生向老师抱怨班里有某人特讨厌，总喜欢跟他比，影响了他的

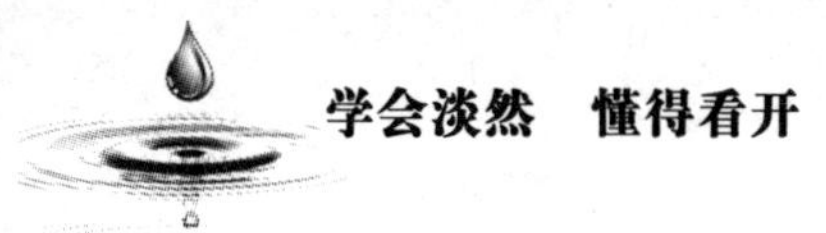

学习。

老师问这学生，你喜欢吃苹果吗，学生愕然，但还是回答：“不喜欢，但喜欢吃雪梨。”

“你不喜欢吃苹果？”

“对。”

“那有没有人喜欢吃苹果?”

“当然有！”

“那你不喜欢吃苹果是苹果的错吗?

学生笑笑：“当然不是!”

“那你不喜欢他是他的错吗?”

“海纳百川，有容乃大”，包容是一种仁爱的光芒、无上的福分，是对别人的释怀，也是对自己善待，更是让友谊长久的灵丹妙药。

然而，我们发现，生活中有这样一些人，他们总希望成为社交的中心，希望周围的朋友对自己言听计从，他们甚至希望可以支配他人的生活，不难想象，这类人的人际关系并不融洽。当然，也有一些人，愿意成为他们的支配对象，但无论如何，他们都会在享受掌控他人的“快乐”中逐渐迷失自我。

人际交往一个很重要的前提是要正确地了解人的本性，也就是说，要按照人的本质去认同他们，设身处地地认同人们，而不要用自己的眼光看待他们，更不能把自己的意志强加给别人。每个人的角度和体验不同，想法也就会有所不同，没有放之四海而皆准的真理。只有理解和尊重人性，才能与大众及现实和谐相处。

改变自己很难，改变别人则更难。既然知道改变自己很难，那么就不能再要求别人跟自己一模一样了。世界上没有一片相同的叶子，人也不可能踏进同一条河流，就更不要奢求别人和你思维、想法相同。天生万物，各有其理。英国思想家罗素说过：“在和别人、即使是与自己最亲近的人的一切交往中，也应该认识到他们是从自己的角度看待生活的，触及的是他们的自我，而不是从你的角度、从触及你的自我来看待生活。不应该期

望任何人为了另一个人的生活而改变他的生活。”

我们应该克制支配欲，别想用斧子把人家雕凿成我们的样子。如果我们要求树根像果实一样作奉献，那就只好把它当作柴烧了。至于活生生的人，如果不是大是大非的原则，只是涉及方式方法的问题，人人看问题都不一样，个个处理事情也不尽然，每个人心里都有自己的一把尺子，没必要对别人看不惯，更不能按自己的意志苛求别人。衡量别人的尺子长一些，自己的道路就会宽一些。

我们应该做的是，约束自己的某些行为，但却不能强制他人的内心，尤其是感情。丘吉尔就说过：“世上有两件事最难办：第一，去爬一面倒向你的墙；第二，去吻一位倒向另一边的姑娘。”爱人和钱是人生中特别不能强求的两样东西，该是谁的就是谁的，不能强求。可人是感伤和怀旧的动物，人们较能接受迅速拉近的距离，却往往无法忍耐一度天衣无缝的甜蜜之后的渐轻渐远。

强求来的爱是不会长久的。如果一个人开始怠慢你，请你离开他，对这样不懂得珍惜交情的人不要为之不舍，更不必强求。在情感方面，强求别人就是舍弃尊严。当你舍弃尊严的时候，通常是得不到回报的。当一个人迫切地想要跟你分手，你就答应他吧！强求对方，这不是折磨对方，而是侮辱自己。迫切的人是留不住的，他根本不爱你，才会那样践踏你的尊严。既然他不爱你，就不要强求，就释放他吧，释放他的同时，也释放了你自己。

要求别人是很痛苦的，要求自己才有所快乐。而且改变自己是可行的、聪明的，尝试改变别人则是白费心机，就会显得愚蠢，还会自寻烦恼。凡事不必苛求，来了就来了；凡事不必计较，过了就过了。该是你的，躲也躲不过；不是你的，求也求不来。你对生活状况及别人的行为要求越少，你就越容易快快乐乐地过日子；待人坦诚而不苛求于人，自己就会快乐。

没事别和自己较劲儿

我们任何一个人都知道，人无完人，但对于生活，却不能以同样的心态面对，总是希望生活可以过得更好，总是认为自己可以获得更多，总是苛求生活。而很多不快乐的人，他们痛苦的来源就是“把自己摆错了位置”，总要按照一个不切实际的计划生活，总是希望自己能成为他人眼中完美的人，于是，他们总要跟自己较劲儿，所以整天郁闷不乐。而快乐的人明智地摆正了自己的位置，工作得心应手，生活有滋有味。因为他们懂得生活的艺术，知道适时进退，取舍得当。快乐把握在今天，而不是等待将来。事实上，我们每天可以做自己喜欢的事情，不在乎表面上的虚荣，凡事淡然，不苛求，那么，快乐、幸福就会常伴我们左右。

我们再来看一个好学生的日记：

聪明、听话、成绩超棒、老师们都喜欢我……从小，我就是听着周围这样的赞扬长大的。周围的同学都很羡慕我，可又有多少人知道，我更羡慕他们。我知道自己并没有他们说的那么好，只是我比他们善于伪装。

有时，我也想放下伪装，和他们一样疯玩一阵，直到大汗淋漓才停下来休息。小学里，下午第二节课后有长达半小时的课间，教室里只能留下值日生，其他人都在操场上活动。老师不允许我们剧烈运动，回教室若看到谁面红耳赤、气喘吁吁，便让他们站在门口，直到恢复平静才能进教室。尽管如此，同学们依旧先疯玩20分钟，剩下10分钟休息。而我，每次捧一本书坐在一边，却看不进什么东西。其实我也想和他们一起玩，但是我害怕。我害怕同学们说“好同学也不过如此，只会在老师面前装乖”，我害怕老师说“一点好学生的样子也没有”。每次听着老师的表扬、同学们的羡慕或不屑之词，我一阵苦笑。

有时，我也想放下伪装，好好在周末休息，不往返于各种提优班之间。从小学三年级起，妈妈就提议问我是否要去上英语提优班。我真的不想去，其实我的英语学习才刚刚开始，我可不想基础还未扎稳就拼命跑。但是，我“很高兴”地答应了，妈妈也很高兴地为我报了名。于是，我越

来越多的时间花在上课和写作业之间。纵然心中很无奈，但我知道我没有拒绝的权利。与其被动接受，不如主动迎接，这样起码妈妈是开心的。

有时，我也想放下伪装，轻轻松松地学习，无论成绩如何，不受其他人的过度关注。每次考试，我都会尽心尽力，我的成绩与名次受很多人的关注。我不敢有稍稍的懈怠，不敢让自己的成绩下滑。每次我考试成绩都很好，父母也很高兴，我看上去也很高兴，可只有我自己知道内心的苦涩。

可能这是很多学习成绩优异的孩子们的内心的声音，在荣誉的光环的照耀下，他们不得不变成父母、老师眼中的乖孩子，但他们内心的苦涩、累、害怕失败，只有他们自己知道，也许，他们失去更多的是一个孩子的真正的快乐。

其实，追求完美，这是一种追求进步的表现，如果人们都满足于现状，那我们将会止步不前。因此，可以说，追求完美并没有什么不好，相反，很多时候，精益求精对我们的能力、知识、经验等方面都大有益处。

那么，如果你是一个苛求自己的人，该如何做到自我调整呢？

1. 不要苛求自己。你不要总是问自己，这样做到位吗？别人会怎么看呢？过分在乎别人的看法就是苛求自己，你会忽略自己的存在。

2. 要改变自己的观念。你需要明白一点，世界上没有完美的事，保持一颗平常心并知足常乐，才是完美的心境。换一种新的思路，即尝试不完美。

3. 要改变释放方式。当你心情压抑时，你要选择正确的方式发泄，比如，唱歌、听音乐、运动等，并且，你要抱着一种享受心情发泄，这样，你很快会感受到快乐。

4. 让一切顺其自然。不要对生活有对抗心理，过于较真的人，他们会活得很累，因此在思考问题时要学会接纳控制不了的局面，接纳自己所有的事，不要钻牛角尖。

5. 什么事情都会有个度，追求完美超过了这个度，心里就有可能系上解不开的疙瘩。我们常说的心理疾病，往往就是这样不知不觉出现的。对待自己的错误不依不饶的人，总是不想让人看到他们有任何瑕疵，给人的

感觉是过分宽容，看似开朗热情，其实活得很累。

6. 失败的时候，请原谅自己。想一想，如果你的好朋友经历了同样的挫折，你会怎样安慰他？你会说哪些鼓励的话？你会如何鼓励她继续追求自己的目标？这个视角会为你指明重归正途之路。

因此，我们每个人都要记住，再美的钻石也有瑕疵，再纯的黄金也有不足，世间的万物没有纯而又纯和完美无瑕的，人也不例外。我们每个人都不可能一尘不染，在道德上、在言行上都不可能没有一点错误和不当。人总是趋于完美而永远达不到完美。因此，我们每个人不要对自己和别人作过高的不切实际的要求，我们都是凡人一个。

事事难如意，怀抱平常心

我们都知道，人生在世，谁都不会事事顺心，多半时候还都会遇到不顺心的事。此时，如果我们自暴自弃，那么，人的一生就是失败的。而如果我们能抱着一颗平常心，那么，我们也许看到的就是事物美好的一面了。

罗丹说：“这个世界不是缺少美，而是缺少发现。”我们都有一双眼睛，用来看世界，但我们的世界观、对世界的认识都是不同的。我们还有另外一双眼睛，它是长在心上的，那就是思维的角度。它比自然造化的那双眼睛更为重要，因为它还能告诉我们：如何看自己、如何看世界。那就是“要拥有一双发现美的眼睛”。的确，生活的快乐与否，完全取决于个人看待人、事、物的角度。多从积极的一面看待世界，那么，世界就是美好的。

卡耐基曾经遇到过这样一个女士：

这位女士一见到卡耐基，就开始抱怨，先是她的丈夫，她说她的丈夫不好好工作，接下来，她又开始抱怨她的孩子，说她的孩子不好好学习。总之，她有很多不满意的地方。等她抱怨完了，卡耐基对她说：“这位女

士，您太追求完美了。”听到这句话后，她非常吃惊地看着卡耐基，过了好一会才说：“卡耐基先生，您认为我非常追求完美吗？可我并不这样认为啊！而且像我这样相貌也不好、学历也不高的女人，根本不会去追求完美的。”

卡耐基说：“您刚才跟我介绍过你的情况，你想想看，你的丈夫现在才三十几岁，但却有了自己的公司了，这已经是成功人士了，你为什么还认为不够好呢，而您的儿子，他才小学四年级，每次也能考个不错的成绩，您又为什么不满足呢？不也是在追求完美吗？”听了卡耐基的话后，那位女士很长时间都没有说话，最后接受了卡耐基的说法。

其实，生活中有很多这样的人，他们总是对生活现状不满，总是不断追求完美，有的人表现为对自己要求特别严格，而另外一些人则对别人非常严格，但总体表现就是看不到生活中美的一面，他们的脸上总是愁云密布，其实，如果他们能转个角度，那么，生活中便处处充满美好。就如上文中那位女士一样，在卡耐基的点拨下，她看到了“儿子学习成绩不错”，“丈夫事业有成”这两点。

有位哲人曾经说过：孩子一出生就是哭泣的，因为他们知道自己将要面对很多的苦难。诚然，在我们的生活中，也是充满了各种各样的苦恼。家人身体不健康、工作不顺利、失恋、失业、求职碰壁等，所有这些烦心事都让人头疼无比。遇到这些事情的人，我们可能会产生坏心情，可能会抱怨、生气等，但这些负面情绪都对事情的解决毫无益处。古希腊先哲埃比提德曾经说过：“骚扰我们的，是我们对事物的意识，而不是事物本身。”这句话就是要告诉人们，坏情绪不能帮助你解决任何问题，还会为你带来很多莫名的苦恼。有句俗话叫做：兵来将挡、水来土掩。就是说，无论到了什么样的境地，遇到了什么困难，我们都不必苛求自己，苛求事态，我们要做的就是顺其自然，以好心态面对，路就在脚下。

真正的幸福，不是过去，也不是未来，而是抓住现在手心里的幸福。不要认为别人的人生就一定会比你更好，你不是那个人，其实每个人的人生都不会比你更容易，做好自己的角色，这样就会拥有一个属于自己幸福的人生。

不强求结果，且看花开花落

生命是个奇怪的东西，自打我们来到人世，似乎就在为所谓的幸福努力着，于是很多人毕生都在奋斗，努力地证明自己生命的不凡。有的人选择了用事业上的成功来证实，有的人用不断争取来的权势来证实，有的人凭借巨额财产来证实，有的人用满腹的才华来证实……有的人成功了，也有一些人失败了，其实，凡事我们都不应该强求结果，也不必去证明什么，否则，我们就会给自己施加太大的压力。而我们也只有秉持凡事随缘的态度，也才能更好地走好前方的路。

从前有一位神射手，名叫后羿。他练就了一身百步穿杨的好本领，立射、跪射、骑射样样精通，而且箭箭都射中靶心，几乎从来没有失过手。人们争相传颂他高超的射技，对他非常敬佩。

夏王也从臣民的嘴里听说了这位神射手的本领，也目睹过后羿的表演，十分欣赏他的功夫。有一天，夏王想把后羿召入宫中来，单独给他一个人演习一番，好尽情领略他那炉火纯青的射技。

于是，夏王命人把后羿找来，带他到御花园里找了个开阔地带，叫人拿来了一块一尺见方，靶心直径大约一寸的兽皮箭靶，用手指着说："今天请先生来，是想请你展示一下您精湛的本领，这个箭靶就是你的目标。为了使这次表演不至于因为没有竞争而沉闷乏味，我来给你定个赏罚规则：如果射中了的话，我就赏赐给你黄金万两；如果射不中，那就要削减你一千户的封地。现在请先生开始吧。"

后羿听了夏王的话，一言不发，面色变得凝重起来。他慢慢走到离箭靶一百步的地方，脚步显得相当沉重。然后，后羿取出一支箭搭上弓弦，摆好姿势拉开弓开始瞄准。

想到自己这一箭出去可能发生的结果，一向镇定的后羿呼吸变得急促起来，拉弓的手也微微发抖，瞄了几次都没有把箭射出去。后羿终于下定决心松开了弦，箭应声而出，"啪"的一下钉在离靶心足有几寸远的地方。后羿脸色一下子白了，他再次弯弓搭箭，精神却更加不集中了，射出

的箭也偏得更加离谱。

后羿收拾弓箭，勉强赔笑向夏王告辞，悻悻地离开了王宫。夏王在失望的同时掩饰不住心头的疑惑，就问手下道："这个神箭手后羿平时射起箭来百发百中，为什么今天跟他定下了赏罚规则，他就大失水准了呢？"

手下解释说："后羿平日射箭，不过是一般练习，在一颗平常心之下，水平自然可以正常发挥。可是今天他射出的成绩直接关系到他的切身利益，叫他怎能静下心来充分施展技术呢？看来一个人只有真正把赏罚置之度外，才能成为当之无愧的神箭手啊！"

我们应当从后羿身上吸取教训，面临任何情况时都应尽量保持平常心。

"宠辱不惊，看庭前花开花落；去留无意，望天空云卷云舒"，这份闲散与安逸，对于现代社会的人们来说，或许真的是一种奢望。每个人都有决定自己生活的权利，何必把自己搞得那么累。放慢你的脚步，尽情地呼吸，尽情地欢笑，让生活中多一些温馨，生命少一份遗憾。有人说，旅途是繁忙的，必须抓紧时间赶路；有人说，旅途是悠闲的，应该缓缓而行；还有人说，旅途的终点是归宿，何来紧迫与悠闲……

据说，苏格拉底曾与人相约去爬山。那人一路赶来，气喘吁吁，姗姗来迟的苏格拉底便问："你来的路旁有什么吗？""我不清楚，我只顾向前。"那人沮丧极了。于是，苏格拉底便拍拍身上的尘埃，娓娓而谈："真是太遗憾了，我已经欣赏完了沿途风光。"苏格拉底的话看似平常，却蕴含了无限道理。是啊，在朝目的前进的时候，请放慢你的脚步，去欣赏两边的风景，或许会有一番"惊喜"。

的确，事物的过程与结果，我们更看重的应该是过程。努力过、欣赏过沿途的风景，这才是最为可贵的。然而，要真正做到不强求事物的结果，还需要我们保持一颗平常心。保持一颗平常心，是人生的一种智慧。有一颗平常的心，才能正视现实，甘于平庸；才能不骄不躁，顺其自然；才能拿捏好尺寸，把握幸福。

所以，生活中的人们，我们应该看淡事物的结果。人世间的事物，来来去去，本就没有一个定数，我们不能左右世事，但可以左右自己的心。当我们拥有时，我们要懂得珍惜，失去时，也不可过分执着。人有悲欢离合，月有阴晴圆缺，以一份淡然的心面对，我们的心会释然很多。

不强求爱，缘分自有成熟时

生活中无不存在着得与失、进与退、坚持与放弃、去与留、成功与失败，面临着一个个主动或被动，有意或无意的选择、巧合和错过。有得必有失，有失也会有得。有时候，得到的未必是不好的，或者说不是最适合你的，也未必长久；失去的也未必是好的，是你最想要的，也未必昙花一现。爱情正是如此。爱情是世间最美好的事物，因此才引得人们追逐，但爱情应该是世间万物自然孕育而成，它本来是无形的，所以不能刻意给它总结答案。爱的自然性认为爱情首先要以宽松为基准，然后它才是快乐的。爱情它源于自然，只有这种自然而生成的爱恋才会更持久。爱情会遁形于我们内心的深处，只有融入到我们心灵深处的爱才是最美丽的事物，所以，我们绝不可强求爱情，应爱得轻松，当爱情不再时，也不可爱得愚痴，越是随意的情感才会让人心情放松。

他和她是大学同学，大一那年，他们就恋爱了，他很会照顾她，她像一只小鸟儿一样偎依在他的身旁。毕业后，看着周围的同学都劳燕分飞，为了巩固他们的爱情，他们决定马上结婚。这件事一直成为同学和朋友们广传的佳话。

毕业后，他们在父母的资助下，办起了自己的工厂，两人小日子过得越来越好。后来，有了孩子后，他便让她专心在家照顾孩子，她做起了全职太太。她的生活从此变得单调起来，开始胡思乱想。有时候，只要他一天不回家，她就开始担心他是不是和别的女人在一起，而只要他一回家，她就翻看他的电话记录，他的神经也被她弄得紧张起来。最可气的是，经常当他在开重要的会议时，他的电话会响个不停。长此以往，他觉得她变了，他和她在一起，也累了。于是，他准备离婚。当他向她提出这点的时候，她什么都没说。而第二天，当他回家的时候，却发现，她已经吞食了

一大瓶安眠药。

我们不免为故事中的女主人公而感到惋惜。事实上，我们生活的周围，像这样为爱放弃生命的案例并不鲜见，他们把全部的精力投入了爱情中，以至于迷失了自己。

的确，生活中，有太多对于爱情执着的人。爱是一种那么模糊的东西，你说不明白它到底是什么。它或许是你早晨睁开眼睛的一个微笑，或许是你杯子的热腾腾的绿茶，或许是恋人的一个脉脉的眼神，或许是爱人在你肩头的一个细微的抚摸，或许是深夜孤独时的美丽的灯光，或许是你寂寞时的一个短信的祝福……你不能说明白到底是什么，但是它却在你的身边环绕着。爱有很多种，有的你可以直接感觉到。比如对爱人的牵挂，对孩子的亲昵，对老人的惦念，对朋友的祝福。但是这个世界上还有一种爱，你捉不到，看不见，它只能在你内心的深处，静静的，在你的内心里泛着波澜。那种爱，你不可以把它拿出来，在阳光下曝光，不可以把它当成你生命中的旅程的伴侣，因为这种爱，叫做放手。

那强求来的爱，或长或短，总会离散。那本不属于自己的人，最终总会走远。你对佛说："为什么属于我的爱我得不到，为什么让我那么悲伤。为什么执着的我那么受伤害。"佛说："有一些东西本不该属于你的，有一些东西只要你曾经拥有过，就应该叫做幸福。因为有一种爱叫做放手。"

任何人，只有结束不适合自己的恋情，才是一种解脱，才能给自己机会，重新寻找新的幸福。

其实，在我们的生活中，有一些东西是不属于我们的，就如道路两边的行道树，只能远远相望着，永远不能牵手。其实远远相望也是美丽的。美丽的欣赏，美丽的相望，美丽的祝福，这就是爱。这种爱就叫做放手。

我们都是平凡的红尘男女，挣不出爱恨纠缠的情网，逃不出爱与被爱的旋涡。心碎神伤后，是漫无止境的寂寞。寂寞吗？或许吧。但是细细体会寂寞后的洒脱，想想除他以外的快乐，想想再也不用为了猜测他的心思而绞尽脑汁，会不会轻舒一口气，感觉轻松一点？

第10章　看得明事自顺，痛苦皆因错误追求

人之所以痛苦是因为追求错误的东西，占有欲是每个人内心都潜在的东西，我们可以有，不过那不能成为我们的武器，也不能成为自己的理由。生活本来是没有烦恼的，一旦心中的欲望之火被点燃之后，烦恼就来敲你的心门；生活本来是没有痛苦的，当你开始计较得失，贪求更多时，痛苦便来缠身。

活得痛苦，是因为你追求错误的东西

生活中，有的人之所以活得痛苦，那是因为他追求了错误的东西，错把别人的生活当作自己的幸福，错把金钱、权力当作自己的幸福。在他们的眼里，有了房子才有安全感，于是就为了别人所定义的“安全感”背上了十年二十年的债务，节衣缩食，心不甘、情不愿地当起了房奴；在他们眼里，在高级餐厅里约会才是最浪漫的，于是就将这当成一种美好生活的向往，宁愿吃方便面也要勒紧裤带去潇洒一次；在他们眼里，没去过健身房就不够时尚前卫，于是我们就赶紧去健身房报名，

学那些自己并不感兴趣的课程，只是为了达到别人所定义的“幸福生活”。但那些生活真的属于自己吗？为什么即便我们达到了这样的生活标准还是不快乐呢？究其原因，在于我们与自己较真，总是一味地追求那些不属于自己的错误的东西，就好像我们穿着不合尺寸的衣服，不是嫌太大，就是嫌太难看。

从前，有个百万富翁，每天让他劳神费心的事情跟他拥有的财富一样多。所以，他每天都愁眉紧锁，难得有个笑脸。

百万富翁的隔壁，住着磨豆腐的小两口。曾有谚语说，人生三大苦，打铁、撑船、磨豆腐。但磨豆腐的这小两口却乐在其中，一天到晚，歌声、笑声、逗乐声不断地传到百万富翁的家里。百万富翁的夫人问老公：“我们有这么多钱，怎么还不如隔壁家磨豆腐的小两口快乐呢？”百万富翁说：“这有什么，我让他们明天就笑不出来。”

到了晚上，百万富翁隔着墙扔了一锭金元宝过去。第二天，磨豆腐的小两口果然鸦雀无声。原来这小两口正在合计呢！他们捡到了“天下掉下来的”金元宝后，觉得自己发财了，磨豆腐这种又苦又累的活儿以后是不能再做了。可是，做生意吧，赔了怎么办；不做生意吧，总有坐吃山空的一天。丈夫心里还想，生意要是做大了，是该讨房小的呢，还是该休了现在这个黄脸婆；妻子则在琢磨，早知道能发财，当初就不该嫁给这臭磨豆腐的。寻思呀，琢磨呀，之前快乐得很的小两口现在谁也没有心思说笑了，烦恼已经开始占据他们的心。更令小两口痛苦的是，为什么天上不能多掉几个金元宝呢，这样就能想买什么就买什么了啊？

人之所以痛苦，在于追求错误的东西；人之所以烦恼，在于对生活舍本逐末。诸如财富、地位、名利，这些让许多人欲罢不能的东西，实际上只是生活的装饰、生活的虚相而已，并不是生活本身。遗憾的是，许多人把生活的重点放错了，忘记了此生的目的，把心思都放在了追求错误的东西上，那么痛苦自然是无法避免的。

一只来自城里的老鼠和一只来自乡下的老鼠是好朋友。有一天，乡下老鼠写信给城里的老鼠说：“希望您能在丰收的季节到我的家里做客。”城里的老鼠接到信之后，高兴极了，便在约定的日子动身前往乡下。到了那里之后，乡下老鼠很热情，拿出了很多大麦和小麦，请城里的好朋友享用。看到这些平常的东西，城里的老鼠不以为然："你这样的生活太乏味了！还是到我家里去玩吧，我会拿很多美味佳肴好好招待你的。"听到这样的邀请，乡下老鼠动心了，就跟着城里老鼠进城去了。

到了城里，乡下老鼠大开了眼界，城里有好多豪华、干净、冬暖夏凉的房子，看到这样的生活，它非常羡慕，想到自己在乡下从早到晚，都在农田上奔跑，看到的除了泥土还是泥土，冬天还要在那么寒冷的雪地上搜集粮食，夏天更是热得难受，这样的生活跟城里老鼠比起来，自己真是太不幸了。

可是，到了家里，它们就爬到餐桌上享用各种美味可口的食物。突然，咣的一声，门开了。两只老鼠吓了一跳，飞也似的躲进墙角的洞里，连大气也不敢出。乡下老鼠看到这样的势头，想了一会儿，对城里老鼠说："老兄，你每天活得这样辛苦简直太可怜了，我想还是乡下平静的生活比较好。"说罢，乡下老鼠就离开城市回乡下去了。

我们的生活是自己过，而不是给人看，别人生活的标准并不可能就真的适合自己。因为生活的幸福和快乐是属于自己内心的一种感觉，如果只是迎合别人的取向，这样难免会苦了自己。那些苦苦追求不属于自己生活的人，他们与自己的心灵对峙着，换而言之，他们总是与自己较真，越是不属于自己的，越是需要去尝试。在羡慕嫉妒的过程中，他们浑然忘记了自己原本美好的生活，而是将别人的生活当成是自己生活的标准。

我们总是向往着这样的生活：条件优秀的老公、可爱的孩子、宽大的房子、豪华的轿车、稳定的工作。在我们看来，似乎这样的生活才是最幸福快乐的，但这样的生活适合自己吗？较真，有时候就是自己的外在与内心互相对峙，明明这是心里不喜欢的，但却为了迎合别人的眼光，而刻意将自己的生活变得乱七八糟。所以，放下对别人生命羡慕嫉妒的眼光，放下内心的固执与较真，学会享受生活所带来的快乐与宁静。

看得开，方向比努力更重要

著名石油大亨美国的亨特，曾在阿肯色州种过棉花，却以失败告终，后来却成为了有钱人。有人问他成功的秘诀，他说：“成功只需两个条件：第一，问自己到底要什么，而多数人却不知这么做；第二，要有非成功不可的决心，然后朝着这个目标努力。”他的话道出了一句真理：做任何事情，方向永远比努力更重要，假如你方向都错了，那再多的努力都是白费。对于“看得开”这件事，也是这样，面对生活中的悲伤、烦恼，要想看得开，首先要找准一个方向，那就是积极向上的心态。

有一天，无德禅师遇见三位信徒，他们向禅师询问道：“信佛真的能解除痛苦吗？如果是真的，那为什么我们信佛多年却还是不快乐呢？”无德禅师说：“你们为什么要活着？”

思考了片刻后，甲说：“我活着是为了不死，死亡太可怕了，我不想死，所以我要活着。”

乙说：“我活着是为了现在努力劳动，老的时候能享受丰裕的生活。”

丙说：“我活着只是为了能养活一家老小，没有我他们就无法生活，我是一家的顶梁柱，缺了我，这个家就要崩溃。”

禅师说：“你们整天想着死亡、年老、辛劳，又怎么能够快乐呢？你们应该想到理想、信念和责任，想着这些你们就会快乐！”信徒们对禅师的话半信半疑，说：“这些说着容易，实际上它能当饭吃吗？没有饭吃怎么能快乐呢？”

禅师说：“那你们说拥有什么才能够快乐呢？”

甲说：“拥有名誉就拥有了一切，所以拥有名誉就能够快乐。”

乙说：“爱情是最甜蜜的，拥有了爱情，就能够快乐。”

丙说：“金钱最有用，拥有了金钱，就能够快乐。”

禅师说：“为什么世上有那么多拥有了名誉、金钱和爱情的人，还是很烦恼呢？”

信徒们无言以对。

既然有了爱情、金钱、名誉会快乐，为什么那么多人拥有了这些东西还是会烦恼呢？那是因为他们在“看得开”这条路上未能找准方向，他们总是倾向于把事情往消极的方向看。幸福与不幸、痛苦与快乐就好像是硬币的两面，不幸与痛苦在正面，幸福与快乐就会被转到反面；当你把幸福与快乐放在正面的时候，不幸与痛苦也就离开了我们的视线。

是否看得开，全在于你心的方向，而不在于我们怎么去让自己不烦恼。烦恼这东西很奇怪，你越是努力不烦恼，越是烦恼；假如你置之不理，反而将一切烦恼都看开了。生活的幸与不幸，在于你心里是怎么想的，眼睛是怎么看的。一个人心里朝的方向是积极乐观的，想的是快乐的事，眼睛只关注快乐的事情，他就会变得快乐；心里朝的方向是消极的，心里想的是伤心的事情，眼睛只看到悲惨的事情，心情就会变得灰暗。

老禅师外出云游，借宿在一个老婆婆家里。一连几天，这个老婆婆都在不停地哭。老禅师很纳闷，便问她：“你为什么整天都在哭呢？有什么伤心事呀，可以告诉我吗？”

老婆婆说：“我有两个女儿，大女儿嫁给了卖布鞋的，小女儿嫁给了卖雨伞的。天晴的时候，我就会想到小女儿的雨伞一定卖不出去，所以忍不住要伤心；下雨的时候，我就会想到大女儿，雨天会没有顾客上门买布鞋，所以会流泪。”

老禅师说：“原来是这么回事，你这样想不对呀！”老婆婆说：“母亲为女儿担心，怎么会不对呢？我知道担心也没有用，但就是控制不了自己啊！”老禅师开导她说：“为女儿担心是没有错，可是你为什么不为女儿们开心呢？你想想，天晴的时候，你大女儿的布鞋店一定生意兴隆；下雨的时候，你小女儿的雨伞肯定十分畅销，你应该天天为她们开心才对呀，怎么会难过呢？”

老婆婆听完老禅师的话，豁然开朗。从此，每当想到两个女儿时，无论晴天还是雨天，她都是笑嘻嘻的。

换一个方向看问题，事情就完全变了样。人生不正也如此吗？许多人因为方向没摆正，结果努力了半天也摆脱不了烦恼，最后还是落得个“看

不开”。他们只看到了别人拥有的，却很少想想自己已经把握住了的，于是就认为只要自己拥有了别人拥有的，就一定能幸福快乐，却不知幸福还是不幸，快乐还是悲伤，全在于你的心朝哪个方向，心里怎么想。

是否看得开，全在于方向，而非努力。当我们面对不利处境或对面临的问题感到无能为力的时候，烦恼与忧虑就产生了。实际上，尽管改变不了外部环境，我们还是可以决定自己心所属的是哪个方向，是积极还是消极，是乐观还是悲观。找准了方向，不用费多大的劲儿，我们就可以远离烦恼。

一味冲刺，不如懂得缓冲

著名职业规划师林少波先生曾说：“生活需要冲，更需要缓冲；成功需要快，更需要愉快。”现实生活中的人们，不仅赚钱要急，每时每刻都要急，都等不得，都不肯给自己留下空白。我们经常可以看到这样的现象：人们过马路时很着急，不等绿灯就走；上电梯着急，等不得自动关门；学习着急，买个文凭算了；写书着急，抄袭时直接粘贴就行了；出名着急，非要一个晚上红遍全世界；挣钱着急，分秒必争。平时寄信，最好是特快；拍照，最好是立等就取；坐车，最好是高铁；坐飞机，最好是直航；做事，最好是名利双收；创业，最好是一夜暴富。在这个“时间就是金钱，效率就是生命”的社会，我们的追求是无止境的，我们总是坚韧不拔，勇往直前。然而，我们的心灵却在忙碌中疲于奔命，点滴的乐趣也在这一连串冲刺中被自己无情地剥夺了。我们忽视了，人生需要缓冲，更需要减速带。

这是一位白领的自述：

年初，因为同学小沈从英国归来，几个好朋友一起聚会，期间说到职场加班，每个人都有本难念的经。小沈说：“一年买车，二年买房，三年买棺材。这是我在英国银行工作得出的结论，从早上7点到晚上11点泡在银行，家的概念只是一张床。面对高强度、高压力的工作，我毅然选择辞职回国。”

我去机场接她的时候，人瘦得只剩下皮包骨，满脸痘痘，左手一张硕士证书，右手一张10万英镑的银行卡。她惨淡地说：“现在好了，总算把出国留学的费用给赚回来了，也可以对爸妈有个交代了。”说起找工作，小沈摇摇头，表示自己需要休息一段时间，现在的她真是身心疲惫。

同学小东，某重点大学硕士毕业，在一家与通信业相关的国企做市场，也开始大倒苦水：“上司经常在快下班时，扔过来一堆文件、报表，还要求第二天上午必须交，上司有令不敢违，我只能咬牙坚持下来。”

说到我，我在一家国企上班，拿着我所在城市的中等收入，朝九晚五，比起他们来，我即便偶尔有加班也在承受范围之内。面对激烈竞争，面对生活，加班算什么？只要不进“棺材”，一切都是可以忍的。

就个人而言，许多人愿意牺牲健康、自由，只为获得高薪。最近在网上的一项调查很能说明问题。假如一份工作月薪是一万元，不过压力巨大，每天需要你持续工作至少10个小时，晚上睡觉时使你经常从梦中哭醒。这样的工作，你做不做？对此，有71%的人选择：当然做，只要待遇好！假如用500万元换你10年，你换不换，有52%的人表示：我换，最好拿现金。一味地冲刺，诚然会让我们名利双收，但却给我们留下严重的后遗症。

复旦大学的年轻教师于娟，在治疗癌症的15个月内反思自己的“年轻人生活”：希望晚睡，10年来不曾在12点以前睡过；经常突击作业，信奉自己是那种不到死亡激发不出学习热情的人。得了癌症之后，她才知道自己肝脏几个指标偏高，肝功能不好就不能继续化疗。这时她才明白，熬夜直接危害肝脏。生命需要缓冲，更需要减速，不仅为了身体的健康，而且也为了沿路的美丽风景。

小张是国内第一批注册会计师，几年前已经是一家大型上市公司的副总。不管事业、社会地位还是经济基础，他都遥遥领先于同时毕业的其他同学。

最近，他突然跟朋友说，自己调到一个小公司去了，做会计主管，连

管理层都不是。朋友惊讶，出什么事情了？小张微笑着说："什么事情都没发生，这些年自己一直被环境逼着高速奔跑，身心疲惫，有时甚感痛苦迷茫。所以，想换种生活，低速慢行，活得娴雅些、清静些、简单些，感受另外一种人生滋味。"

人生就好像行车一样，不管在什么时候，首先需要我们看清前面的方向，明白自己想过一种什么样的生活，想达到什么样的目标。如果心中没方向，胸中没理想，任意地随潮流加速冲刺，结果可能会南辕北辙，离最初的目标越来越远。

一个牧师曾经在他的布道词里讲过这样的一个故事：

上帝给我布置了一项任务，让我牵一只蜗牛去散步。我心中很纳闷，可又不便推辞。尽管蜗牛已拼尽全力爬行，但每次都只是挪进那么一点点，我前行的速度完全被牵制了。

我又急又气。可是无论我如何催促、吓唬、责备乃至哀求，蜗牛仍然是慢慢腾腾的，还不时以抱歉的目光看着我，仿佛在说："我真的已经尽全力了！"

蜗牛"蜗行"的慢性子让我实在怒火中烧，禁不住对它又拉、又扯、又踢，最终把它弄伤了。蜗牛流着汗，喘着粗气，爬得更慢了。我真的想丢下它不管，但又苦于无法向上帝交代，也只好无奈地任蜗牛向前爬，而我在后边生闷气。

待我放慢脚步，静下心之时，忽然闻到了花香，我定睛一看，啊！原来这里是一个大花园。花园里开满了五颜六色的鲜花，姹紫嫣红、争相斗艳，蜜蜂在花丛间翩翩起舞，鸟儿在枝头引吭高歌，微风吹过，一阵醉人的花香扑鼻而来，多么美好啊！

咦？以前怎么没有这些体会？霎时，我幡然醒悟：原来上帝不是让我牵蜗牛去散步，而是让蜗牛"牵"我去散步！

忙忙碌碌，疲于奔命地追逐到底是为了什么？节衣缩食、精打细算、谨慎小心、慌慌张张、焦虑而急促地生活，这就是我们想要的生活吗？所谓的成功是"三天成为社交高手"、"90天拿下百万订单"、"一个月成为世界首富"吗？在这个时代，我们需要"慢"哲学，这是一种健康的心态，是一种积极的奋斗，是对人生的高度自信，是一种高智、随性、细致、从容地应对世界的方式。人的一生就好像背负着沉重的行李走路，急躁不得，人生需要像蜗牛一样慢慢地、一步一步地往前爬。当我们慢下来，才能提高做事的质量，才可以体会到生活的美好。

被欲望缠身的人是最痛苦的

在人生的旅途中，除了沿途的美丽风景，还有很多的诱惑。每个人的心里都住着一个魔鬼，那就是欲望，诱惑越是繁复，他们越是难以自拔，甚至奋不顾身、倾尽一生。每个人都有这样或那样的欲望，有的人喜欢权力，有的人喜欢金钱，有的人喜欢名利。欲望本身的特点就是难以满足，喜欢权力的人当上了一个小科长，这或许算是美事一桩，但他觉得自己晋升的空间还有很多，当了科长想当经理，当了经理想当总裁，就这样不断地循环下去，欲望越滚越大，扭曲了内心，成为了欲望的奴隶。被欲望腐蚀的心灵是空洞的，它们难以体会到简单的快乐。那些被欲望缠身的人，其实是最痛苦的人。如果我们不想自己过得这样痛苦，那就应该学会放下诱惑。

大学毕业后，小柯考上了公务员，在一个小镇上做一名小科长。或许，是因为学生气太重，有棱有角，对任何事情都公事公办，严格按照上级所传达的文件处理一切事情，他这样的做法使自己处于一个孤立的境地，同一个办公室的小张怪里怪气地说："果然是文学院的人才，酸腐啊酸腐。"小柯感到不解，难道人民的公仆不应该像自己这样吗？

到年底了，每个科室要上交一份人事报告，就是对各个科室的同志进行客观的评价，主要是由科长撰写，而且这样的评价会成为年度表彰大会的依据之一。小柯根据平时的观察情况写出来中肯的意见，其中对一名同事作了批评，因为他总是天天缺班，没有干过一件正经的工作。谁知道，这样的表述立即为小柯带来了灾难，原来那位同事是镇长的儿子，所以才

这么放肆。小柯觉得自己说的很有道理，但是，上面却没有任何说法，最后找了个借口撤去了他的科长职务，他成了一个闲人。

小柯觉得太受打击了，为了恢复原职，他仔细观察了周围同事的一言一行，逐渐感染到一些官僚风气。虽然，他心里觉得这好像违背了做人的原则，但是如果按自己现在的处境，会一辈子没有什么出息。于是，他开始融入到这个圈子，认识了许多达官贵人，聪明的他还懂得投其所好，花钱送一些礼物，说几句奉承话，没过多久，他就直接被任命为办公室主任。后来，他在官场里如鱼得水，镇长秘书、副镇长、镇长、市委书记逐渐晋升，成了许多同事羡慕的对象。看着自己的位置，小柯很欣慰，但他并没有觉得知足，有了权力，他更想要金钱、美色，许多想依靠他这棵大树的不同行业的人纷纷送名车、递香烟、送美女，小柯的日子过得很逍遥。

但好景不长，纪委很快把他锁定，经过一段时间的调查之后，发现他受贿金额巨大，当即把他带到了纪检委。

欲望就像毒品，是会上瘾的，当你一次满足了之后，就会不断地想要更多的欲望，那根本就是一个无法填满的无底洞。在诱惑面前，欲望是极容易被勾起的，太过强烈的欲望不再是对自己的肯定，相反会否定或取消别人的存在。

生命是欲望的延续，人不可能没有欲望。欲望也不会停止，它会伴随着人的一生。欲望的存在是无可厚非的，但是，人类是高级动物，可以控制自己的欲望，甚至放下自己的欲望。一个人就像是一条欲望的溪流，它流淌的不是溪水，而是人的各种欲望。生活中，在繁复的诱惑面前，我们要学会放下各种欲望，让自己轻松前行，方能体会最简朴的快乐。

在宏村，有一位德高望重的老人，同时，他是一位医术精湛的老中医。他行医的宗旨是悬壶济世，解人疾苦。对于那些贫困的病人，他不仅免费医治，而且还给予精神安慰和金钱上的帮助。他在家乡行医了半个多世纪，积蓄颇为丰厚，于是就在家乡开办了一座济老院，收留那些晚年生活无依无靠的老人，这个济老院完全是慈善性质的。

虽然，老人花了大笔的钱来办济老院，但他自己的生活却坚持一切从简的原则。在宏村行走，他常年穿戴的都是旧而干净的布衣、布帽、布鞋，这些衣物的历史都在三十年以上，宏村的人们很少见到他添置新的衣帽，平时家里人置办新的衣服给他，他也不穿，而是将这些崭新的衣服送给那些缺穿的人。在饮食上，他更是主张粗茶淡饭，以素食为主。生活如此之简单，但老人却生活得异常快乐，他闲来没事时就会去济老院陪那些老头老太太唠家常、叙往事。在老人七十岁的时候，他在济老院的前后种植了大片的竹子，等到他一百零一岁逝世时，竹子已经是郁郁葱葱，蔚然成林了。

后来，宏村的人为了纪念这位老人，专门在竹林前立碑，除了记述老人的生平事迹以外，还为这片竹林题下了“慈竹林”这三个大字。

简单的生活，首先应该有简单的心态。老中医舍得花大笔的钱来办济老院，做慈善事业，但并不意味着他在自己的生活中也是大手大脚，甚为讲究，相反，他自己的生活却是一切从简，一点也不繁琐。恰恰是因为这样的简单的心态，他更容易获得快乐，从而也获得了长寿。

生命之舟若是太过繁重，生命就不再是一个蓬勃向上和快乐进取的过程，而会成为一个痛苦无奈的延续。一个在痛苦中挣扎的生命，拥有的东西再多，也都暗淡无光。就像古人所说“大道至简”，其实，真正快乐的生活应该也是简单的，或者说，最简单的生活才是实际的，才是最快乐的。

无所多求，做人多一分从容

名利，多么具有诱惑力的一个字眼，同时，这也是很多人立足社会、搏击人生的主动力。自古以来，名利就是许多人一生的奋斗目标，多少人为了光宗耀祖而削尖了脑袋挤进官宦之途，多少人因为人生的不得已而郁郁寡欢。但是，在名利场上，春风得意、踌躇满志的人毕竟是少数，大多数人为名利而困扰，为那些自己得不到的名利而较真。其实，人生的道路

本来很宽阔，如果我们把眼光尽放在名利上面，那只会让我们的道路越走越狭窄。只有我们敢于抛下名利，多一分从容，才能活出真的自我。

从古至今，人们对功名利禄的向往都很强烈，特别是居高位者，每每容易在权力欲望中迷失，最终变得疯癫。不过，曾国藩却说："为官应当只问耕耘，不问收获。"这其中的淡然之心，可以说是令人敬佩的。而正是这样将名利抛下的心理，让他最终得以保身。

淡泊者不求名利，曾国藩就此做出解释："淡泊二字最好，淡，恬淡也；泊，安泊也。恬淡安泊，无他妄念也。而趋炎附势，蝇头微利，则心智日益蹉跎也。"曾国藩是一个清醒的人，他认为："乱世之名，以少取为贵。"人生在乱世，世态发展皆在混乱之中，何谓富，何谓福，这都是难以说清楚的，所以人生还是少取为妙。

在功成名就之后，同治六年五月，曾国藩在家书中劝告欧阳夫人说："居官不过是偶然之事，居家乃是长久之计，能从勤俭耕读上做好规模，虽一旦罢官，尚不失为兴旺气象。若贪图衙门之热闹，不立家乡之基业，则罢官之后便觉气象萧索，凡盛必有衰，不可不预为之计。望夫人教训儿孙妇女常常做家中五官之想，时时有谦恭省俭之意，则福泽悠长。"

冰心老人曾告诉我们："人到无求，心自安宁。"在冰心老人家一辈子的经历中，我们不难看出，清心寡欲，淡泊宁静，正是她精神健康的奥秘。在半个多世纪以来，冰心将全部的杂念全部抛到脑后，一心扑在为孩子们的写作、交流上，而孩子们也带给她无限的安慰和喜悦。或许，正因为她心静如水，永远保持着童心，才使得自己在古稀之年也耳聪目明，思维敏捷。

庄子曾经面临着这样的选择：前面是清波粼粼的濮水以及水中从容不迫的游鱼，背后则是楚国的官位——两者巨大的差距使这道选择题看起来十分容易。但是大概楚威王也知道庄子的脾气，所以用了一个"累"字，只是庄子要不要这种"累"？多少人在这种"累"中体味到权力给人的充实感和成就感？这是生命中不能承受之"重"。

濮水的清波吸引了他，他无暇回头看身后的权势。他那么不经意地推掉了在俗人看来千载难逢的发达机遇。他把这看成了无聊的打扰。他只问了两位衣着锦绣的大夫一个似乎毫不相关的问题："楚国水田里的乌龟，它们是愿意到楚王那里，让楚王用精致的竹箱装着它，用丝绸的巾饰覆盖它，珍藏在宗庙里，用死来换取"留骨而贵"呢，还是愿意拖着尾巴在泥水里自由自在地活着呢？"两位大夫回答说："宁愿拖着尾巴在泥水中活着。"庄子说："那么，我也将拖着尾巴在泥水中活着。"

这个故事反映了庄子的真实心灵，他对于抛弃名利的坚持，让我们知道精神可以达到这样的境界。实际上，庄子的行为，确实让一代代"学而优则仕"的读书人，在赢得世俗的成功的同时，有一种受名利驱使的无奈感。

一个人假如具备抛弃名利的人生态度，那面对生活，他就会比常人更容易找到乐观的一面。他所看到的就是生活的美好，他不再对那些可望而不可即的空中楼阁感兴趣。在纷繁的世界中，不去较真名利的争夺，在自己的心田，构筑一片宁静的田园，你自然会体验到简单的快乐。陶渊明伴着"庄生晓梦迷蝴蝶"中的翩翩起舞的蝴蝶，在东篱之下悠然采菊，面对南山，陶渊明选择遗忘那些官场中的丑恶与仕途的不达，为自己寻会了一方心灵的净土。

第11章　看得开烦即去，且随心乐自来

有人问佛家大师：“佛法好，我们每个人都晓得，从什么地方能入得进去？”大师回答说：“看得开，放得下。”看得开，就是明白事实真相。放得下，并不是什么事情都不要干，而是让我们从心上放下。

放下顾虑，心思着重眼前事情

如果你希望自己一天能生活得十分快乐，那么就要放下顾虑，心思着重眼前事情，活在当下，那样才会活得自在。你要分清楚过去和现在。所有的顾虑只会给我们带来糟糕的心情，因为你的过去只会对现在产生影响，如果你被困在过去的阴影中，你就不可能快乐地生活在今天。也许，对过去和未来的某些顾虑虽然是有益的，但是花费太多的时间去反省过去，计划未来，这其实是在浪费时间。因为生活本身只有在此时此地，才能充分享受生活。我们不是否认过去，但是也不能沉溺过去，只有关注眼前事情，我们才能发挥我们的聪明才智，生活才能更加真实和精彩。

威廉·奥斯勒年轻的时候，曾经是蒙特瑞综合医院的一名医科学生。他在那里学医的一段时间里，对自己的生活充满了忧虑，不知道怎样才能

通过眼下的期末考试，也不知道将来会在什么地方，创立什么样的事业，更不知道明天该怎么去生活。他整天为这些事情担忧着，无心自己的学业。偶然一次，他无意间在一本书上看见了这样一句话："对我们大家来说，生活中最重要的事情不是遥望将来，而是动手理清自己手边实实在在的事。"正是从书上看到的这句话，改变了这位年轻的医科学生，使他后来成为了最有名的医学家，创建了举世闻名的约翰斯·霍普金斯医学院，并成为了牛津大学医学院的钦定讲座教授，那可是学医的英国人所能获得的最高荣誉。

后来，威廉·奥斯勒爵士给耶鲁大学的学生作了一次演讲，他说："像我这样一个曾在四所大学当过教授，撰写过畅销书的人，大家以为我会有'特殊的头脑'。但是事实并非如此，我的朋友都知道，我的脑袋实在普通不过的了。"

有人问他："那你的成功秘诀是什么呢？"威廉·奥斯勒爵士认为："我之所以能够成功，是因为我没有时间顾虑，我总是把心思花在眼前的事情上。"

奥斯勒爵士的话并不是让我们不要为明天而下功夫做准备，而最好的办法，就是尽自己最大的努力，把眼前的事情做到完美无缺，这才是应对未来唯一可靠的方法。奥斯勒把每一天都当做是完全独立的，他不会沉溺在过去，也不会为未来忧虑，所以他能够信心满满地应付今天的事情。生活对于他，每一天都是快乐的，每一天都是自由自在的，所以最后他能够取得在医学上的瞩目的成就。

美国著名总统林肯曾经说过："大部分的人只要下定决心都能很快乐。"每个人的快乐不是来自外在的，而是来自内心的。只要在每一天保持快乐的心态，不要顾虑，着手眼前的事情，你就会获得自由自在的快乐。人为什么会忧虑？那都是因为沉溺在痛苦的过去，焦虑不可知的未来。如果一个人能够在心里抛下昨天和明天，只是展望眼前，那么其心里的压力和负担就不会那么沉重。

薛尔德太太住在密歇根州沙支那城，她以前是靠推销《世界百科全书》之类的书籍生活，后来因为有了自己的家庭便辞去了工作，那时候日

子虽然不富足但是也过得很安乐。但是很快，她安逸的生活就陷入了苦难。在1937年，她的丈夫死了，她自己几乎身无分文，这令她非常恐慌。那段时间，她的精神极度颓废、崩溃，甚至差点自杀。后来，她给以前的老板奥罗区先生写信，请求他能让自己做回以前的工作。于是，她四处借钱凑足了分期付款的钱买了一辆旧车，又开始重新推销那些书籍为生。

薛尔德太太希望能够通过繁忙的工作来抵消自己的颓废和不安，可是她很快发现不行。毕竟她的丈夫已经不在了，只有她一个人驾车，一个人做饭吃，一个人生活，这所有的一切都令她无法承受。而她的工作也带给自己一些困扰，有些地方根本就卖不出去书，所以业绩不太好，虽然她买车的钱不是很多，但是对于她来说还是很难凑齐。她整天觉得心情很沮丧，对生活也没有什么希望，甚至绝望得差点自杀。

有一天，她读到了一篇文章，那篇文章中的一句话让她活了下来："对一个聪明人来说，每天都是一个新人生。"这句话令她精神振奋，于是，她把这句话打印出来，贴在汽车前面的挡风玻璃上，为了自己开车的时候就能随时看见它。薛尔德太太发现每次只活一天一点都不难。就这样，她摆脱了孤寂和恐慌，变得很快乐，工作业绩也上去了。

薛尔德太太把每一天都看做是新生，所有她能够在每一天里忘记过去，不想将来，只是把心思放在今天，放在眼前的事情上。所有她能够很快摆脱自己过去的恐慌心情，而变得十分快乐，这样自己工作起来也很有精神。不管昨天有多么糟糕，但是毕竟已经度过了昨天，新的一天就应该忘记充满痛苦的昨天，带着新的心情又开始新的一天。你就会发现，每次只活一天是多么容易的事情。

学会放手，人生才能收获更多

生活中，我们不要再为自己曾经失去而看不开。学会放手，说不定你能获得整个世界。既然我们降生在这个世界，又何必计较命运的不公？生活的失落？为什么要因为秋天的凋落而怨恨四季的美丽呢？大地雪封冻结的冬天，那大树上隐藏着青色的绿芽。有时候，生活就像是一杯蔚蓝色的酒，酒杯里盛满的就是人生的酸甜苦辣，我们不应该沉醉自己，而是努力将自己的人生变得洒脱充实。现实生活中，我们需要正确看待得失，应该相信，现在我们所拥有的，不管是顺境、逆境，都是对我们最好的安排。假如可以这样，我们才能在顺境中感恩，在逆境中依旧心存快乐。对于那些失去的东西，不要为此感到郁郁寡欢，人生总会失去什么，也会得到什么。得失是一种规律，别为失去而悲伤，别看不开，放得下，这样我们才会有所获得。

人们总是习惯于得到而害怕失去，虽然有得必有失的道理是人人皆知的，但人们认为失去了觉得可惜可叹，每当自己失去了某些东西，总要难受一阵子，甚至是痛苦。月亮也会有圆缺，但依然皎洁，人生即使有缺憾，依然很美丽。曾国藩说："道微俗薄，举世方尚中庸之说。闻激烈之行，则訾其过中，或以罔济尼之，其果不济，则大快奸者之口。夫忠臣孝子，岂必一一求有济哉？势穷计迫，义无反顾，效死而已矣!其济，天也；不济，吾心无憾焉耳。"他把成功与失败都归结于天命，当然免不了唯心，但他对于自己所失去的，总以平常心对待，这就是一种坦荡的心态。很多时候，只要自己努力过，得到与失去都没什么重要了，也没有什么怨恨了。为人处世，尤其是这样，假如太在意失去的，自己也就没办法认真地做以后的事情。那些患得患失的人总是将得失放在首位，人活一世，即便得到的东西再多，死的时候也带不进坟墓，这又何必呢？如果失去了，那就学会放下，不要看不开，这样我们才能收获轻松的心情。

战国时期，长城边上有个养马的老头，大家都叫他塞翁。有一天，他的一匹马丢了，面对邻居们的劝慰，塞翁笑着说："丢了一匹马损失不大，没准会带来什么福气呢。"果然，没过几天，丢失的马不仅自己返回家，还带回了一匹匈奴的骏马。

就在邻居们都为塞翁的马失而复得高兴的时候，塞翁却忧虑地说："白白得了一匹好马，不一定是什么福气，也许惹出什么麻烦来。"果然，塞翁喜欢骑马的独生子发现带来的马神骏无比，骑马出游，高兴得有

些过火，打马飞奔，一个趔趄，从马背上跌下来，摔断了腿。面对邻居们的再一次安慰，塞翁说："没什么，腿摔断了却保住了性命，或许是福气呢。"邻居们觉得他又在胡言乱语，他们想不出，摔断了腿还会带来什么福气。不久，匈奴大举入侵，青年人应征入伍，塞翁的儿子因为摔断了腿，不能去当兵。后来，他们得到消息，去打仗的青年全部牺牲了，因此，塞翁的儿子躲过了一劫。

塞翁失马，焉知非福。有时候，你以为你失去了，实际上你却得到了最好的东西，人生就是这样。当你为失去而烦恼的时候，你所失去的不仅仅是一份美好的心情，还有可能影响整个事态的发展。相反，如果对于所失去的，你能完全地放下，那么你将获得一份轻松无比的心情。

我们总是生活在得失之间，当一个人处心积虑得到什么的时候，同时也无可奈何地失去了什么。因为鱼和熊掌是不可兼得的，我们所需要的就是这种"得不是喜，失不是忧"的情怀，如果我们能明白生命的可贵，那就会明白人生最美的是奋斗的过程，为失去而悲伤，只不过是自寻烦恼。

泰戈尔曾说："曾错过太阳，但我不哭泣，因为那样我将错过星星和月亮。失去了太阳，可以欣赏满天的繁星；失去了绿色，得到了丰硕的金秋；失去了青春岁月，我们走进了成熟的人生。"失去的不能再得到，过去的不能再回来，不如趁机会抓住眼前的一切，珍惜现在所拥有的，说不定我们能收获整个世界。

拿得起要豁达，放得下且随缘

爱迪生说："没有放弃就没有选择，没有选择就没有发展。"生命并不是只有一处灿烂辉煌，学会包容过去，融通未来，创造人生新的春天，人生将更加明媚和迷人。对于人生中的种种，既然拿得起，就应该懂得放下，对于自己的过去，大可不必耿耿于怀，是好是坏都已经成为过去，且把它看做是一张白纸，放下了，心中就没有了埋怨与不满，生活的一切都会顺利平稳。假如我们认为人来到这个世界是应该有所作为的，那就更需要重视自己的存在。因为每个人的生命是伟大的、富有创造力的，只是我们经常会忽略这一点，在生活中，从来不缺乏体验与成长的机会，即使身处绝境，也不正是开辟新天地的大好时机吗？当我们不堪负重前行的时候，就应该学会放下，而不较真其中，只有这样，我们才有力气继续前行。

宋朝的吕蒙正，被皇帝任命为副相，第一次上朝，忽然人群里竟有人大声讥刺他说："哈哈哈，这种模样的人，也能入朝为相啊？"可吕蒙正却像没有听见一样，继续往前走，然而，跟随在他后边的几个官员却为他鸣起不平来，拉住他的衣角，非要帮他查查到底是谁竟然如此大胆，敢在朝堂上讥刺刚上任的宰相。吕蒙正推开众人，说："谢谢大家的好意。我为什么要知道是谁在说我呢？一旦知道了，一生都放不下，往后还怎么处事？"

有人说："人生最大的幸福就是拿得起，放得下。"一个人在处世中，拿得起是一种勇气，放得下是一种肚量。对于人生道路上的鲜花、鼓掌，有智慧的人大都等闲视之，屡经风雨的人更是有自知之明；对于坎坷与泥泞，能以平常心对待，就十分容易。在人生的旅途中，若是遇到了大的挫折与大的灾难，可以不为之所动，可以坦然承受之，这就是一种肚量。禅宗以大肚能容天下之事为乐事，这便是一种很高的境界。对于生活中的种种，既来之，则安之，便是一种超脱，不过，这种超脱又需要经过多年的磨炼才能炼养成。拿得起，实在可贵；放得下，方是人生处世之真谛。

吕蒙正善识人，所举荐的人，后来无不成为国家的栋梁，而他最大的特点就是一旦用了某人，便不再用自己的权力来约束其才能的发挥。做宰相期间，他一直以"无为而治"作为自己的施政方针。所以，有一天，他的两个儿子愤愤不平地对他说："爸爸，外面都传说你无能，你做宰相，权力怎么能都被别人分夺去了呢？"吕蒙正听了，哈哈大笑说："我哪有什么能耐啊？皇上不就是看我善于识人，才提拔我当宰相的吗？我当宰相就是为国家物色有能力办事的人，我要权力干什么啊？！"

擅画者留白，擅乐者希声，养心者留空。生活中，人们往往是拿得起，放不下。因为较真，他们难以放下各种欲望。其实，放下是一种智慧，它作为生存之态，是化繁后的睿智，是画龙后的点睛，是深刻后的平和。正如美国作家梭罗所说："一个人越是有许多事情能放下的，他就越富有。"而只有看开了，我们才能真正地放下。

有位登山者在一次登山中，首次不使用氧气，成功登上了世界最高峰——珠穆朗玛峰。当他下山后，人们纷纷问他成功登顶的秘密时，他说："这没有什么秘密，我知道大脑是一个重要的耗氧源，科学家曾告诉我们：各种思想在大脑中相互撞击时，竟要消耗我们吸入全部氧气的40%。所以，为了减少对氧气的消耗，我只有向前走这一个念头，至于其他的任何想法我都把它们统统从脑子里抛掉，没有了任何的杂念，我就等于放下了一个背在身上的巨大的包袱！轻松地向前，这就是我成功的全部秘密。"

对于生活中的每一个人而言，功名、利禄、荣辱、爱恨、死亡、惧怕、苦乐等等，存在于内心的时候，往往也会成为自己内在的渴望超越自我的一种原动力。不过，我们一旦执着这样的东西，就会让它成为前进路上的一个沉重的包袱。一个人要学会拿得起，放得下，这样我们才能真正做到看得开。

与人攀比，实则是在为难自己

有人坦言：最害怕就是参加各种同学会，因为现在的同学会简直就是"攀比会"，比事业，比地位，比房子，比车子，比银子……因为看不开，越比越急，越比越累。其实，这样的烦恼都是自找的，放下攀比之心，做最好的自己，你会发现生活一定会轻松很多。我们所没能明白的是，生活中的差别是无处不在的，我们很容易会在这种差别中产生攀比的心理，并且习惯性地将自己所作的贡献和所得的报酬与别人进行比较。如果两者大致相等，就会感到心理平衡；如果对方强过自己，那我们就会心理失衡。比如，某些人看到与自己同等级别的人用车比自己高级，住房比自己宽敞，自己甚至还不如某些级别和职务低的人，心里就会感到很不平衡。其实，这就是典型的攀比心理，通常也是因为看不开的心态所造成的。因为处处看不开，总是情不自禁地与他人的一切进行攀比。

从前，有一位贫穷的农夫，他有一位非常富有的邻居，邻居有很大一个院子，有一栋非常漂亮的房子，还有一辆漂亮的马车。对此，农夫产生了攀比之心，心想：他一个人住那么大的房子，可我呢？一家五口人拥挤在一个小草房里，上天真是太不公平了。每次遇到这位邻居，贫穷的农夫都会冷漠地走开，似乎这样一种姿态可以满足自己的自尊心。到了晚上，农夫就开始痛苦了，他翻来覆去就是睡不着，总想着自己能住上邻居那样的大房子，或者，他想上天祈祷，让那位富有的邻居变得像自己一样贫穷吧，不然，自己会被攀比之心气死的。

后来，村子里来了一位智者，据说，他能给那些痛苦的人指引道路，从而让他们过上快乐的日子。农夫觉得自己也应该去看看，来到那里，发现人们已经排了很长的队伍，而排在自己前面的不是别人，就是那位邻居。农夫感到很奇怪："这样一位富有的人也会感到痛苦吗？"过了半天，邻居进去了，农夫还在外面等着，可是，直到太阳下山，邻居还没有出来，农夫的嫉妒又开始了："上帝真是不公平，怎么智者就跟他说了这么多。"终于，邻居出来了，那位富人的脸上显露了从未有过的笑容。

农夫心中一动，急忙走了进去，智者说："你为何而痛苦啊？"农夫回答说："我总是看我那位邻居不顺眼。"智者微笑着说："这是攀比心在作怪，你需要做的就是克制自己，想想自己所拥有的东西。"农夫十分生气："智者啊，你怎么也那么偏袒呢？给我的邻居那么多忠告，却只给我简单的两句话。"智者说："你一进来，我就猜到你是为什么而痛苦，贫穷所带来的攀比心理，可是，那位富人进来，我只看到他殷实的外在，看不到他精神的匮乏，详细询问了才知道他的症结所在。"农夫不解："他也会感到不快乐吗？"智者说："当然，虽然他

比你富有，房子比你大，但是他只有一个人，而你呢？还有贤惠的妻子和可爱的孩子，现在，你想想，你所拥有的人是不是他所缺乏的，这样一想，你就不会痛苦了。”听了智者的话，农夫心中释然了，他感到快乐的日子离自己不远了。

俗话说：“人生失意无南北。”即便是在富丽堂皇的宫殿里也有悲恸，而在破旧不堪的瓦屋中也会有笑声。只是，在平时生活中不管是别人展示的，还是我们所关注的，总是风光的一面，得意的一面。这就好像女人的脸，出门时美丽动人，那不过是给别人看的。回到家里以后，卸妆之后，素面朝天，往往却不是那般光彩照人。

在某单位有一位小职员，过着安分守己的平静生活。有一天，他接到了一位高中同学的邀请电话。十多年未见，他带着重逢的喜悦前往赴约。昔日的老同学经商有道，住着豪宅，开着名车，一副成功者的派头，这让小职员羡慕不已。自从那次见面以后，他就好像变了一个人，整天唉声叹气，逢人便说自己心中的苦恼：“这小子，以前上学时考试老不及格，凭什么现在有那么多钱？”同事安慰说：“我们的薪水虽然无法和富豪相比，但不也够花了嘛！”

小职员懊恼地摇摇头：“够花？我的薪水积攒一辈子也买不起一辆奔驰车。”同事看得很开：“买不起奔驰也一样能上班下班、外出旅行，一样过得挺好。”可那位小职员却终日郁郁寡欢，后来竟然得了重病，卧床不起。

生活中，有很多我们一直很在意的东西，这跟别人比较，根本没什么可比性，做好自己才是最智慧的选择。其实，很多时候，幸福往往就在我们身边，但不少人却无从感知，这就是“身在福中不知福”。有时候，我们必须对自己的能力有一个较为清醒的认识，要看得开比较心，不能过多地与人攀比，抛弃不切实际的幸福期望值。如果你降低不切实际的期望值，你会发现幸福是唾手可得的。

俗话说：“天外有人，人外有天。”我们不可能在任何方面都比别人强、胜过别人。太较真的人一味和比自己强的人相比，由于心灵的弦绷得太紧了，那就是无端损失自己的精神，很难会有大的作为。其实，我们每个人都有自己的独特之处，别人拥有的未必适合你，你所拥有的往往是别人所羡慕的。因此，放下攀比之心，做好自己，才能更接近幸福。

不必猜忌，赶走卑鄙灵魂的伙伴

猜忌是人性的弱点之一，从古至今，那都是害人害己的祸根，是卑鄙灵魂的伙伴。一个人假如掉进了猜忌的陷阱，那必定看不开，神经过敏，对他人失去了信任，对自己也会心生疑窦。猜忌的人总是痛苦的，因为他不断在与自己较真，在这个过程中，他痛苦，甚至疯狂，那种纠结于内心的痛苦是旁人无法体会的。那些习惯猜忌、猜疑心很重的人，整天疑心重重、无中生有，认为每个人都不可信、不可交往。由于现代社会的多元化，不知道在什么时候，信任已经变成了奢侈品，我们经常会看到一些因信任而上当受骗的例子，因此就连我们自己也不再愿意轻易地相信某个人了。不过，我们始终不能忘了，信任是我们生活中最不可少的，如果缺少了信任，我们的生活就失去了阳光，世间也会少了许多温暖。

在《三国演义》中，曹操是一个喜欢猜忌别人的人，因为猜忌他人，他也做了不少冤枉别人的事情。

当曹操刺杀董卓失败后，与陈宫一起逃至吕伯奢家里。由于曹吕两家是世交，吕伯奢见到曹操来了，就想杀一头猪款待他。但曹操一听到有磨刀的声音，便怀疑人家要加害自己，一声“缚而杀之”，更让他深信不疑。于是，曹操不分青红皂白，不问男女，杀了吕伯奢一家大小。一直杀到厨房，发现被捆着等待挨刀的大肥猪，才知道自己错杀了好人。

尽管如此，曹操还是赶紧与陈宫急忙逃出庄外，正好路遇沽酒回来的吕伯奢，这时的曹操没有半点的愧疚之意，为了达到防止被追杀的目的，他竟然对自己父亲的结义金兰举起了带血的屠刀。

此外，曹操还有一大心病，他唯恐别人会趁自己睡觉时加害自己，于是，常常吩咐左右：“我梦中喜欢杀人，我睡着的时候大家不要靠近。”

有一天，曹操在帐中睡觉，被子掉在了地上，一个侍卫过来帮曹操把被子盖好。曹操跳起来，拔剑杀了侍卫，又上床继续睡觉。醒来之后，曹操故意惊问道："是谁杀了侍卫？"左右据实报道，曹操痛哭，命令大家厚葬侍卫。其实，曹操知道，自己是在有意识的状态下拔刀杀人的，但又唯恐失天下人之心，因为猜忌，可谓是欲盖弥彰。

曹操的疑心病伴随了他一生，在这个过程中，他自己也是痛苦不堪。他每天不断地猜忌，猜忌有谁对自己不忠不敬，猜忌谁对自己有所企图，终日为猜忌所累，这才是疑心病给他带来的最大痛苦。

信任有时候仿佛是易碎的玻璃花，哪怕只是一句玩笑，都会对信任产生影响。当然，有的信任是经过多年的接触才能建立起来的，同时，这样的信任也是经得起考验的，当我们心中有了一点猜忌的时候，为什么不能对他人多一些信任呢？

一艘货轮在大西洋上行驶，突然，一个黑人小孩不慎掉进了波涛滚滚的大西洋。孩子大喊救命，无奈风大浪急，船上的人谁也听不见，他眼睁睁地看着货轮拖着浪花越走越远。求生的本能使得孩子在冰冷的海水里拼命挣扎，他用尽全身的力气挥动着瘦小的双臂，努力让自己的头伸出水面，睁大眼睛盯着轮船远去的方向。

船越走越远，船身越来越小，到最后，什么都看不见了，只剩下一望无际的大西洋。孩子的力气快用完了，实在游不动了，他觉得自己要沉下去了。放弃吧，他对自己说。这时，他想起了老船长那慈祥的脸和友善的眼神，不，船长知道我掉进海里之后，肯定会来救我的，想到这里，孩子鼓足勇气用生命的最后力量向前游去。

船长终于发现那个黑人孩子失踪了，当他断定那个孩子是掉进海里以后，下令返航回去找。这时有人劝道："这么长时间了，就是没有被淹死，也让鲨鱼吃了。"船长犹豫了一下，还是决定回去找。终于，在那孩子就要沉下去的最后一刻，船长赶到了，救起了孩子。

当孩子苏醒了之后，跪在地上感谢船长的救命之恩时，船长扶起孩子问道："孩子，你怎么能坚持这样长的时间呢？"孩子回答说："我知道您会来救我的，一定会的！"船长好奇："你怎么知道我一定会来救你的？”孩子睁着天真无邪的眼睛，回答道：“因为我信任你，我知道你是那样的人。”听到这里，船长“扑通”一声跪在黑人孩子面前，泪流满面：“孩子，不是我救了你，而是你救了我啊！我为我在那一刻的犹豫而羞耻。”

对每一个人而言，可以完全被一个人信任是一种幸福，可以毫无保留地信任一个人也是一种幸福。当然，大胆相信他人不是一件容易的事情，信任一个人有时需要许多年的时间，有些人甚至终其一生也没有真正地信任过任何人。

有时候，我们难以去信任别人，问题不在于别人，而在于我们自己。因为我们总是放不下猜忌心，总是猜疑别人对自己是不是有不好的企图，是不是为了加害于自己，这样的想法多了起来，我们就难以对他人给予信任。

珍惜现在，人生注重在于体验

人生本来就是一个体验的过程，得与失，不过是处在永恒的变化中。昨天得不到，并不意味着今天不会拥有；即使今天拥有了，也不意味着明天不会失去。珍惜现在所拥有的一切，这才是我们所需要的、最好的方式。有人说“得不到”和“已失去”的才是最好的，可能我们在不同的时间也会发出这样的感慨。那些没有实现的愿望，它们具有强大的力量，这样的力量就好像魔咒一般，笼罩在我们的头上，令我们迷恋水中花、镜中月，让我们对身边唾手可得的幸福和快乐视而不见。如果我们能静下心来思考，那些多少得不到、已失去的东西其实只是源于对没有实现的愿望的渴望？即便我们放弃现在所拥有的一些东西，不顾后果地想尽办法得到了那些当初未能得到的东西，把那些失去的东西找了回来，谁又能保证且诚实地说这些东西就是我们真正所需要的呢？

从前，有一座圆音寺，每天都有许多人上香拜佛，香火很旺。在圆音

寺庙前的横梁上有个蜘蛛结了张网，由于每天都受到香火和虔诚的祭拜的熏陶，蜘蛛便有了佛性。经过了一千多年的修炼，蜘蛛佛性增加了不少。

忽然有一天，佛祖光临了圆音寺，看见这里香火甚旺，十分高兴。离开寺庙的时候，不轻易间地抬头，看见了横梁上的蜘蛛。佛祖停下来，问这只蜘蛛："你我相见总算是有缘，我来问你个问题，看你修炼了这一千多年来，有什么真知灼见。怎么样？"

蜘蛛遇见佛祖很是高兴，连忙答应了。佛祖问道："世间什么才是最珍贵的？"蜘蛛想了想，回答道："世间最珍贵的是'得不到'和'已失去'。"佛祖点了点头，离开了。

又过了一千年，有一天，刮起了大风，风将一滴甘露吹到了蜘蛛网上。蜘蛛望着甘露，见它晶莹透亮，很漂亮，顿生喜爱之意。蜘蛛每天看着甘露很开心，它觉得这是三千年来最开心的几天。突然，又刮起了一阵大风，将甘露吹走了。蜘蛛一下子觉得失去了什么，感到很寂寞和难过。

这时佛祖又来了，问蜘蛛："这一千年，你可好好想过这个问题：世间什么才是最珍贵的？"蜘蛛想到了甘露，对佛祖说："世间最珍贵的是'得不到'和'已失去'。"佛祖说："好，既然你有这样的认识，我让你到人间走一朝吧。"

在人间，蜘蛛遇到了甘露，蛛儿很开心，终于可以和喜欢的人在一起了，但是甘露并没有表现出对她的喜爱。蛛儿对甘露说："你难道不曾记得十六年前，圆音寺的蜘蛛网上的事情了吗？"甘露很诧异，说："蛛儿姑娘，你漂亮，也很讨人喜欢，但你想象力未免丰富了一点吧。"几天后，皇帝下诏，命新科状元甘露和长风公主完婚；蛛儿和太子芝草完婚。

这一消息对蛛儿如同晴空霹雳，几日来，她不吃不喝，穷究急思，灵魂就将出壳，生命危在旦夕。太子芝草知道了，急忙赶来，扑倒在床边，对奄奄一息的蛛儿说道："那日，在后花园众姑娘中，我对你一见钟情，我苦求父皇，他才答应。如果你死了，那么我也就不活了。"说着就拿起了宝剑准备自刎。

就在这时，佛祖来了，他对快要出壳的蛛儿灵魂说："蜘蛛，你可曾想过，甘露是由谁带到你这里来的呢？是风（长风公主）带来的，最后也是风将它带走的。甘露是属于长风公主的，他对你不过是生命中的一段插曲。而太子芝草是当年圆音寺门前的一棵小草，他看了你三千年，爱慕了你三千年，但你却从没有低下头看过它。蜘蛛，我再来问你，世间什么才是最珍贵的？”蜘蛛听了这些真相之后，好像一下子大彻大悟了，她对佛祖说：“世间最珍贵的不是‘得不到’和‘已失去’，而是现在能把握的幸福。”

得不到的让人渴望，已经失去的让人惋惜，但是我们都很在乎。不过，如果我们仔细回想，你会发现，我们不停地眺望远方根本不属于自己的一切，反而模糊了离我们最近的幸福。有人说，人生要活得有分寸，是你的终究是你的，不是你的抢过来也会离开你，何必让自己这样狼狈呢？失去的东西，那是因为我们自己没有好好地珍惜，与其为失去的东西而后悔，还不如好好珍惜眼前的一切，这才是看得开的真正所在。

得不到的东西，那表示这根本不属于自己，又何必要强求呢？即便你强求来了，你会发现自己也不会有想象中的幸福；已经失去的东西，那已经过去了，即便你后悔再多，也挽回不了。与其为得不到和已失去而看不开，不如好好珍惜当下所拥有的，这才是人生一大幸福。

人往往如此，得到的东西不珍惜，一旦失去才知道珍贵，漫漫人生，多少人感叹：覆水难收，后悔莫及。有时候，不是幸福太少，而是我们不懂得把握，并不是得到越多就越幸福，幸福就是珍惜当下所拥有的，这样才不会给自己留遗憾。

第12章　看得透是生机，看不透是困境

对于人生而言，看不透是困境，看得透是生机。看透是一种生活态度和看事角度，不过，看透是多么难的事情，其实也是最简单的事情，因为看透不仅仅是胸襟和思想的博大，更是一种自然、质朴的态度。

想开一点，命运就强大一些

人生苦短，岁月匆匆，对每个人而言，想不开无济于事，远不如想得开笑逐颜开。在生活中，有的人官运亨通，顺利得让人觉得不可思议，旁人看来怎能不眼红、不来气，这就是想不开。如果一个人想得开，多从其他不如别人方面去掂量、去思考，将自己短处比人家长处，劣势比人家优势，尽可能化解心中的不服气。我们也可以从另外一个方面去想，当多大的官就得负多大的责任、操多大的心，即便自己当不上官，日子虽然清贫，但却活得踏实，不用担惊受怕，开开心心多活几年。

有人占你便宜，不要生气，想开一些，让他三尺又何妨；有的事情吃亏了，不要烦恼，所谓“吃亏是福”。想得开是一件不容易的事情，是一门学问，也是思想斗争。想想：他人山珍海味，我有清茶淡饭；他人有花

园别墅，我有安身之所；别人漂洋过海，我也能看小桥流水；别人旅游休闲，我自有一壶绿茶，偷闲半日。想开一些，命运就强大一些。想得开，便可以活得轻松快乐，活得一点也不累。人生在世，想不开的事情天天有，想得开就心胸坦荡、海阔天空、开开心心、快快乐乐。

有一位美国的农夫，他经过了多年工作的努力之后，终于用自己存起来的钱买了一块价格便宜的田地。可是他买地之后，心情就十分低落。因为他买的那块土地非常贫瘠，根本不适合种植任何农作物，甚至连干粮作物都长不出来。除了一些矮灌木响尾蛇，其他什么东西都无法活在这片土地上。

他整日为这件事忧虑着，后来他想到了一个主意，能把这个负担变为资产，挫折变为机会。于是，他不顾身边人们诧异的眼光，开始捕捉地上的响尾蛇，又去买了些机器来生产响尾蛇的罐头。就这样下去，几年之后，他的农庄变成了当地十分有名的观光景点，每一年平均就有两万名观光客前来参观。

后来，这位美国农夫的生意越做越大了。他把响尾蛇的毒液送往美国实验室作血清，而响尾蛇的蛇皮则以高价售出，用来生产女人的鞋与皮包，然后再把蛇肉装罐卖到世界各地。于是，他们村的邮戳都改为“佛罗里达州响尾蛇村”，来对这位“看得开”的农夫表示致敬。

那位美国的农夫看见自己用所有积蓄购买的土地一片荒芜的时候，他并没有马上放弃它。而是思考怎么让把这一片贫瘠之地利用起来，于是他针对土地上盛产响尾蛇这样的特点，开始制造罐头，并且还可以把响尾蛇的毒液、蛇皮都利用起来，最终使自己取得了巨大的成功。上天开始只是给了他一个酸柠檬，但是他却没有因柠檬的酸苦就扔了它，他是思考怎么把一个酸柠檬榨成柠檬汁。最后，他不但把柠檬榨出了甘甜的柠檬汁，还榨出了比原来更多的柠檬汁。他的成功主要就是在于看得开，他那乐观、积极向上的心态使他最终取得了成功。

波姬·戴尔是一位眼睛带有残疾的女人，她只有一只满是疮疤的眼睛，只能靠眼睛左边的小洞来观察这个世界。而当她看书的时候，她必须把书贴近脸，然后努力把眼睛往左边斜。虽然她的眼睛是这个样子，但是

她也拒绝别人的怜悯，而靠自己的心情来享受生活的快乐。

小的时候，她渴望跟其他孩子一样玩跳房子，但是由于自己的眼睛的关系，她看不见地上的线。于是，她等伙伴们都回家了自己一个人趴在地上，将眼睛贴到线上看来看去，并且牢牢记住玩的地方。不久之后，她就是玩跳房子的高手。读书时期的时候，她把大字印的书紧紧贴在自己的脸上，这样艰难地学习着，谁也没有想到，她凭着自己坚韧的毅力，得到了两个学位，分别是明尼芬达州州立大学学士学位和哥伦比亚大学硕士学位。

完成了自己的学业之后，她开始了自己的教书生涯，通过自己的努力，她不但成为了文学教授，工作之余还在一些妇女俱乐部发表演讲，还到一家电台主持读书节目，她说："我脑海深处，常常怀着完全失明的恐惧，为了打消这种恐惧，我采取了一种快活而近乎游戏的生活态度。"

戴尔并没有因为自己只有一只眼睛，就开始抱怨生活的不公平，而是愉快地融入到人们的生活中，她对上天赐予的麻烦很看得开。她甚至不需要人们的怜悯，而是希望自己看起来跟别人没有什么两样。事实上，她做到了，虽然付出了比常人多几倍的努力，但是她依然活出了最优秀的自己。她把自己身上被别人看成的不幸，变成自己的幸运，并且乐于享受生活的乐趣，所以她能够在失明50年以后，还能通过手术重见光明。生活是给了她太多的不幸，可是她并没有对自己的命运进行抱怨，相反，她十分愿意享受生活带来的乐趣，所以生活也给了她同样的回报。

同一件事，想开了就是天堂，想不开就是地狱。我们的麻烦多半来自于自私、贪婪，来自于妒忌、攀比，来自于自己对自己的苛求。大多数人想改变这个世界，不过却很少有人想改造自己。对一件事情的看法，往往反映出一个人内心真正的态度。若是看得开，带着一个好心态去看待原以为没什么意思的事，结果肯定会有意想不到的效果；你带着笑脸面对他人，你见到的肯定也是一张张的笑脸，而假如把恶劣的心态强加于人，必然会受到恶劣的态度。想得开，怀着好心态，心情就会随之改变；有了好心情，态度也会随之改变；有了好态度，习惯也会随之改变；有了好习惯，性格也就会随之改变；有了好性格，人生也会随之改变；有了好人生，我们才会真正拥有快乐。要想有好心态，就必须凡事想开一些。

想得透，人生处处有希望

魏尔仑说：“希望犹如日光，两者皆以光明取胜。前者是荒芜之心的神圣美梦，后者使泥水浮现耀眼的金光。”要知道，每一个明天都是希望，无论自己身陷怎么样的逆境，只要想得开，不感到绝望，因为我们还有许多个明天。只要未来有希望，人的意志就不容易被摧垮，前途比现实重要，希望比现在重要，人生不能没有希望。只要你想得开，你就永远不会有绝望。生活中，每个人在某个时刻都会面临绝境，但它往往并不是真正的生命绝境，而是一种精神和信念的绝境。只要你的精神不倒，保存希望，即使在绝境中，也能寻找到希望之花。

在人生的道路上，挫折和逆境都是在所难免的，而那些磕磕绊绊、坎坎坷坷也是我们无法预料的，但是，有一样我们一定要牢牢记住：想得开，就一定有希望。在遭遇逆境的时候，不要为此沮丧忧虑，不管发生了什么事情，无论自己的处境多么糟糕，都不要沉溺在绝望中无法自拔，千万不要让痛苦占据你的心灵。想得开，心怀希望，当困难来临的时候，我们才有勇气直面困难、打倒困难，并以顽强的意志战胜困难。亚伯拉罕·林肯在一次竞选参议员失败后这样说道：“此路艰辛而泥泞，我一只脚滑了一下，另一只脚也因而站不稳，但我缓口气，告诉自己‘这不过是滑一跤，并不是死去而爬不起来’。”因为他凡事想得开，怀抱着必胜的希望，所以，他的人生从来没有绝望过。

1832年，毕业于哈佛大学的亚伯拉罕·林肯失业了，这令他感到很难过。他下定决心要成为政治家，去当一名州议员。但糟糕的是，他在竞选中失败了。在短短的一年里，林肯遭受了两次打击，对他而言无疑是痛苦的。接着，林肯开始自己创业，当即开办了一家企业，可是还不到一年，

这家企业倒闭了，在这之后的17年里，林肯都在为偿还企业欠下的债务而奔波劳累。不久之后，林肯又一次参加竞选州议员，这次他成功了，在林肯内心深处有了一线希望，他认为自己的生活有了转机，心想：“可能我就可以成功了。”

然而，人生的逆境好像永远没有结束的那一天。1835年，亚伯拉罕·林肯与漂亮的未婚妻订婚了，但离结婚的日子还差几个月的时候，未婚妻却不幸去世，林肯心力交瘁，几个月卧床不起，没过多久，他就患上了精神衰弱症。1838年，林肯觉得自己身体好了些，他决定竞选州议会议长，但是，在这次竞选中他又失败了。再接再厉的精神鼓舞着林肯，1843年，林肯参加竞选美国国会议员，这次他所面临的依旧是失败。但是，林肯却一直没有放弃，他并没有说：“要是失败会怎样？”1846年，林肯参加竞选国会议员，这次他终于当选了，但两年任期过去，林肯面临着又一次落选。不过，林肯并没有服输，1854年，他竞选参议员，但失败了，两年之后他竞选美国副总统提名，但是却被对手打败，两年之后他再一次参加竞选，但还是失败了。无数的失败并没有让林肯放弃自己的追求，1860年，亚伯拉罕·林肯当选为美国总统。

回看林肯的一生，似乎全是逆境的生存，但是，在任何时候，林肯都能想得开，没有放弃过，他始终怀抱着必胜的希望。虽然，与逆境相抗的过程给我们带来了压力和痛苦，但是，这些难忘的经历却有可能让我们赢得成功。

有一个穷人为农场主做事。有一次，穷人在擦桌子时不小心碰碎了农场主一只十分珍贵的花瓶。农场主向穷人索赔，穷人哪里能赔得起。最后被逼无奈，只好去教堂向神父讨主意。神父说：“听说有一种能将破碎的花瓶粘起来的技术，你不如去学这种技术，只要将农场主的花瓶粘得完好如初，不就可以了。”

穷人听了直摇头，说：“哪里会有这样神奇的技术？将一个破花瓶粘得完好如初，这是不可能的。”神父说：“这样吧，教堂后面有个石壁，上帝就待在那里，只要你对着石壁大声说话，上帝就会答应你的。”

于是，穷人来到石壁前，对石壁说：“上帝请您帮助我，只要您帮助我，我相信我能将花瓶粘好。”话音刚落，上帝就回答了他：“能将花瓶粘好，能将花瓶粘好……”

穷人听后希望倍增、信心百倍，于是辞别神父，去学粘花瓶的技术去了。一年以后，这个穷人终于掌握了将破花瓶粘得天衣无缝的本领。他真的将那只破花瓶粘得像没破碎时一般，还给了农场主。

难道真的是上帝回答了他吗？其实，他想要感谢的是他自己，那块石壁只不过是一块回音壁，他所听到的上帝的回答，其实就是他自己的声音。只要想得开，心中的信念在，希望就在。许多人陷入了逆境，总是悲观绝望，给自己增加很大的压力。事实上，逆境是另一种希望的开始，它往往预示着美好的明天。你只需要告诉自己：希望是无处不在的。那么，再大的困难也会变得渺小，再糟糕的处境也会有所好转。

每一个困境都有积极的一面

佛家曰：“每个困境都有其存在的正面价值。”生活中，人们听到“困境”、“挫折”这样的词儿总是紧皱眉头，郁郁不得志。在他们看来，困境意味着绝路，或许，自己再也没有翻身的那一天了。但事实并不是这样，多少大事者都是从困境风雨中走了过来，从而获得了巨大的成功。也许，你会问，同样是困境，怎么会出现这样大的差别呢？那是因为，困境本身自有它积极的一面，在困境风雨中，那些坚持下来的人，他们往往会收获一份意想不到的礼物。或是乐观的心态，或是顽强的斗志，或是困难中的机遇，但是，正是这些困境中获得的经验与教训，铸就了他们最后的成功。

人生因逆境风雨的历练而变得多姿多彩，也许我们并不欢迎困境、磨难的到来，但是，当它们与我们不期而遇的时候，请不要调转回头。困境就好似一个魔鬼，一旦它看上你，就会对你穷追猛打，不舍不弃。而那些躲避甚至逃跑的人，只会被他欺负得更加悲惨。如果你想成大事，那么，

你必须经得起逆境风雨的洗礼，经得起失败的打击。成功是需要风雨的洗礼的，而一个有追求、有抱负的人，总是视挫折为动力。所谓“能受天磨真铁汉，不遭人嫉是庸才”，困境，对于天才来说是一块成功的跳板，对强者来说是一笔宝贵的财富。

格哈德·施罗德出生在一个工人家庭，小时候，父亲在战争中牺牲，施罗德兄妹五人与母亲相依为命。有一段时间里，他们住在一个临时搭建的收容所里，尽管母亲每天工作长达14个小时，但仍然不能满足家里的开支。年仅6岁的施罗德总是安慰母亲：“别着急，妈妈，总有一天我会开着奔驰来接你的。”

逐渐长大的施罗德进了一家瓷器店当学徒，后来又在一家零售店当学徒。1963年，施罗德加入了民主党。在之后的10年里，他读完了夜校和中学，后来到格丁根通过上夜大来攻读法律。大学毕业后，他获得了律师资格，成为了一名律师，不久之后，他当选为社民党格廷根地区青年社会主义者联合会主席。在以后的日子里，施罗德一直活跃于德国政坛，46岁那年，施罗德再次竞选成功，成为萨克森州州长，就是在这一年，施罗德实现了儿时的愿望，开着银灰色奔驰轿车将母亲接走了。也许，是儿时的苦难记忆，施罗德在人生的道路上丝毫不敢懈怠，8年之后，施罗德一举击败连续执政16年之久的科尔，当选为德国总理。

童年时期的施罗德曾在杂货铺里当学徒，那时他常说的一句话是：“我一定要从这里走出去！”他成功了，而且，比自己想象中走得更远。即使，在成功的路上伴随着困难与逆境，但是，施罗德从来没有把逆境当成一回事，而是善于从逆境中获取自己想得到的礼物。儿时的记忆让他明白：自己必须牢牢抓住隐藏在困难中的机遇，不断地向前行。或许，那隐藏在逆境中机遇，就是上天给予施罗德的礼物。

卡莉·费奥瑞娜从斯坦福大学法学院毕业以后，她所做的首份工作是一家地产公司的电话接线员。费奥瑞娜每天的工作就是打字、复印、收发文件、整理文件等杂活，父母与亲戚对费奥瑞娜的工作感到不满意，认为一个斯坦福大学的毕业生不应该做些杂活。但是，费奥瑞娜却没有任何怨言，她继续努力工作，一边学习。有一天，公司的经纪人向费奥瑞娜问道："你能否帮忙写点文稿？"卡莉·费奥瑞娜点了点头，凭着这次撰写文稿的机会，她展露了自己卓越的才华。在以后的日子里，卡莉·费奥瑞娜不断向前发展，后来成为了惠普公司的CEO。

卡莉·费奥瑞娜刚开始进入社会的时候，不受重视，只能替人打杂跑腿，接受无端的批评、指责，得不到提携，处于自生自灭的过程中。但是，她并没有选择放弃，而是在逆境中继续忍耐，等待机遇的降临。

任何一个人在成长的过程中，都将注定经历不同的苦难、荆棘，那些被困难、挫折击倒的人，他们必须忍受生活的平庸；而那些战胜苦难、挫折的人，他们能够突出重围，赢得成功。逆境所带来的礼物远比它本身有意义，当然，我们获取礼物的前提条件是你能够坚持下去，否则，你只会永远被列为平庸者之列。

转过身，你才能看到阳光

在生活中，人有时候会像树和动物一样，不可避免地需要面对黑暗、暴风雨，不过，世界上的任何事情都具有两面性，人生也不例外。当我们身处人生的阴暗面时，我们不应该只是让自己沉浸在悲观中无所作为，而是学会转身去寻找人生的太阳。因为当你转过身，你会发现，我们的世界是无比的光辉灿烂。一个人内在的力量是巨大的。内在的自我假如是悲观消极的，那足以把自己打垮；而假如一个人怀着积极进取的阳光心态，那即便身在逆境，也可以在风雨之中迎来久违的彩虹。因为当你背对阳光的时候，看到的永远是阴影，而当我们转过身，面对阳光时，看到的则永远是万里晴空。

约翰从出生的那天起，就是一个没有右手的孩子。当他渐渐长大懂事，开始为自己的身体残疾而难过、沮丧时，父亲语重心长地告诉他："世上有数以百万的人和你一样残疾，但他们没有自怨自艾，而是将自己的残疾置之度外，很多人甚至还成就了难以想象的功业，所以你没有

必要为自己的残疾难过。你同样可以将事情做得出色，只是你要采用与常人不同的方法。对你来说，重要的不是你的残疾，而是如何面对残疾给你带来的挑战。我们没有权利把残疾当作借口，发挥自己的才能才是我们应该做的。”

就这样，约翰在父亲的鼓励与帮助下，开始了与残疾的抗争。约翰从小就具有良好的身体协调性，逐渐地，他爱上了运动。像大多数孩子一样，他常在自家的院子里与父亲玩投球接球，渐渐地，他学会了打棒球。

长大后，运动成为他被别人接受的途径。因为约翰的内心深处觉得，如果自己在赛场上表现得更出色，那么别的孩子就不会觉得他“与众不同”，约翰希望通过这来引起别人的注意，而不喜欢人们关注他只是因为他少了一只手。19岁那年，约翰的父亲去世，在弥留之际父亲仍不忘叮嘱他：“其实，你被赋予了许多才能，但是必须记住，你用它们做了什么。”约翰安慰父亲：“我知道，爸爸，你不容许我将残疾作为借口。”

约翰很喜欢棒球。在父亲去世之后，他加入了密歇根大学棒球队，并两次入选国家队，还参加了1988年的汉城奥运会。后来，有记者问他，会不会因为自己只有一只手而感到难过，约翰笑着回答：“噢，不会，残疾并不重要，在99%的时间里，我甚至忘记自己比正常人少了一只手，只有在穿针的时候，才会想到这件事。”

人生不如意十之八九，活着本身其实是不容易的，但假如除去了这八九成的不如意之事，那至少还有一两成是如意的、快乐的、愉快的事情。假如要让我们的人生充满欢声笑语，充满阳光，那就要学会转身，常常去想那一两成的好事，这样我们就会感到庆幸，懂得珍惜，不至于被生活的困境和挫折打倒。

下岗工人老王从一家国营企业下岗后，只身去了南方谋生。人生地不熟的他来到广州后，由于年龄偏大，奔波了十几天，竟然没有找到一份适合自己的工作，到最后为了生存，他不得不加入拾荒队伍，成了一个地地道道的“拾荒客”。

第一次“全副武装”地挑着箩筐走上大街拾荒，老王有点抹不开面子，走在街上他把头埋得低低的，仿佛所有的行人都在用怪异的眼光看着自己。更糟糕的是，老王见到垃圾竟然没有上前去捡的勇气。但为了生存，最后还是放下自尊，强忍着心里的不适，努力地在垃圾堆中翻找着那些可以换钱的东西。

在那段与垃圾打交道的日子里，老王觉得自己的人生已跌到谷底，也许自己再也爬不起来了。对生活的绝望，使得他的情绪很消沉，几乎失去了活下去的信心。但做了一段时间的“拾荒客”后，老王的心态发生了很大转变，因为在拾荒的过程中他发现，虽然很多人看不起“拾荒客”，不愿从事这个职业，但他们不知道这竟是个很能赚钱的行当啊！老王从废品收购站老板的赢利中看到了潜在的商机，萌生了自己开一家废品收购站的想法。

于是在老王的组织和策划下，一些拾荒者以入股的方式加入了他的公司。之后，他又从废旧家具中发现商机，在收购废品的同时，做起了废旧家具的回收买卖，即将城里的废旧家具回收后再卖到农村；同时在农村收购有价值的乡土产品，然后再到城里出售。

靠着灵活的头脑、独特的经营方式，几年下来，老王取得了意想不到的成功。现在，他已是一位身价千万的民营集团老总了，拾荒让老王挖到了“第一桶金”。有时，人生的缺憾恰恰成了赢得丰盈未来的契机和亮点。

假如你的生活充满了阴影，不要悲伤，转过身，你就可以看到阳光。转过身，就是要我们不去想那些不如意的事情，而是培养自己积极的心态。如意或不如意，并不取决于我们的人生际遇，而取决于人生态度，取决于我们的心态是消极还是积极的。当我们转过身，才会乐观地发现，决定我们生活品质的不是那大部分的不如意的事情，而是那少部分的快乐、如意的事情。

选择适合自己的最明智

有人喜欢住最豪华的别墅，有人喜欢开最奢华的轿车，有人喜欢最

优越的工作，有人喜欢拿最高的工资。每个人都渴望自己的生活是最好的，因为最好的总是颇显珍贵，而那些太过于平凡的则不会受到人们的欢迎。实际上，那些往往最好的却并不一定是适合自己的。或许，你住惯了小胡同，突然到了别墅里，吃饭睡觉都觉得极不自然；高级的轿车虽然很漂亮，但每次使用都要格外珍惜，好像一点也不适合性格大大咧咧的自己；优越的工作很不错，但压力太大了，自己也承受不了；最高的工资是总裁的工资，好像自己努力一辈子也达不到那个水准。所以，那些在我们眼里是最好的，在实际生活中根本不适合自己。有人说，我买东西通通都是最贵的，但是，很多东西买回来才发现华而不实，一直搁在那里没有使用。生活中的很多事实证明，最好的往往不适合自己。所以，当你面对选择的时候，一定要选择合适自己的，这才是最明智的选择。

许多年轻人在选择爱情的时候，都会恪守一个原则：选择合适的而不是最好的。其实，人生中有很多选择，也跟选爱情是一样的道理，只有合适自己的才是最好的。在这个世界上，用什么来衡量是好还是坏呢？是人们的眼光还是自己亲身的经历，我想更多的人是觉得自己亲身经历才有说服力吧。那些在别人身上颇显珍贵的东西，在自己身上并不一定显示出珍贵来，因为不适合。如果你选择了一份合适的工作，选择了一个合适的对象，买了一套合适的房子，那么你的生活是非常幸福的。任何人与事都需要合适不合适，简单的一句“不合适”，你就可以拒绝，因为不合适，强求来的只会是长久的痛苦与磨难。有多少人以“合适”来作为自己的标准呢？

汪先生是一个没有文化的人，年轻时靠着自己卖报纸挣了一些钱，然后在亲戚的帮助下开了一家小饭馆。他不怕吃苦，整天辛勤地工作，到处寻找成功的经验。小饭馆在他精心地管理下，生意蒸蒸日上，顾客由一些街坊邻居到了白领阶层，甚至还有许多商界中的成功人士也慕名而来。汪先生觉得很欣慰，特别是看着那些成功人士叼着名贵香烟、穿着满身名牌，不时从嘴里蹦出两句英语，这让汪先生羡慕不已，他希望自己有一天也能过着这样的生活。

日子一天天过去了，小饭馆变成了大酒楼，过了一两年，还开了分店，汪先生腰包也鼓起来了。他买了名车，买了洋房，把乡下的老婆孩子都接到了城里，过上了上流社会的生活。因为生意做的比较大，许多商家都慕名而来，自然少不了大大小小的应酬。刚开始的时候，汪先生觉得应酬很新鲜，认识那些有品位的人，说着一口纯正的普通话，在这里，他再也不是那个什么都不懂的乡巴佬，而是成了成功的企业家。但是，渐渐地，汪先生发现自己与这个圈子格格不入，自己常年干活的双手长起了老茧，经常被那些人笑话；有时候，面对满口英文的老外，他根本不知道如何开口。内心朴实的他不能融入到这个圈子里，每天的应酬也会让自己很累。

没过多久，他就带着老婆回了乡下，酒楼的生意让儿子接管，因为儿子学的是商业管理，比自己更有能力。偶尔，他也会叼着旱烟，在酒楼里坐坐，十分惬意地享受着。

处处彰显着虚伪的应酬根本不适合内心朴实的汪先生，他自己也意识到了。年轻时候的梦想虽然实现了，但那种看似上层社会的生活，原来是不适合自己的。所以，汪先生选择了退隐乡下，种花养草，这才是自己的生活情趣。

有人撞得头破血流，挤上了独木桥，踏上了考公务员的艰辛历程，当他终于经过了三次考试获得了正式的职位，却发现坐在办公室里看报纸、喝开水并不适合自己的个性；有的人抛弃了大学男友，毅然选择了有车有房的成功人士，结婚之后才发现他根本容忍不了自己的性格，于是含着泪水拿了离婚证书；有的人一路奔波，终于买了房子车子，跻身为上流社会的一员，却发现整天的应酬根本是自己的克星。爱情需要合适自己的，生活需要合适自己的，工作需要合适自己的，这样你才会赢得人生的幸福。

人要看得开，才不会“败”

有人说：“处于不幸中，垂头丧气显然于事无补，我们要做的，除了坦然面对之外，能改变的，只有自己的心。”当生活的不幸来临的时候，积极的心态是一个人战胜一切艰难困苦，走向成功的助推器。人要看得开，就不会败。积极的心态，能激发人们自身的所有聪明才智，而消极的心态，就好似蜘蛛网缠住昆虫的翅膀一样，不断地束缚人们才华的施展。在不幸面前，有的人越过越好，而有的人却从此一蹶不振，其实，这两者的区别在于心态的差异：前者所拥有的是积极的心态，而后者却总是呈现出消极心态。当然，心态是个人的选择，有积极心态的人往往会处于不败之中，一个人若是有了积极乐观的心态，那么，战胜不幸对于他来说就很容易了。

这是一个遭遇不幸的家庭，丈夫原来是一家工厂的职工，乖巧懂事的儿子正在读高中。不过，这一切全因为妻子生病而毁了，如今，妻子瘫痪在床，生活不能自理。对此，丈夫不得不辞去工厂的工作，在家里陪着妻子。

看到家里这种情况，懂事的儿子要辍学打工，但是，父母坚决不同意。爸爸对儿子说：“如果你不念书了，你妈妈会觉得连累了你，心里会是多么难过。你是咱家最大的希望，现在咱们苦点，等你将来考上大学，毕业后找份好工作，咱们不就翻身了吗？再说家里还有我呢？咱们两个都是男人，这个时候都需要坚强起来，没有过不去的火焰山。”儿子最终没有辍学，学校得知情况后，免去了他的学费。

但是，一家人总是要吃饭，仅仅靠着政府救济是解决不了问题的。丈夫要照顾妻子，不能出去工作，他寻思就在家里弄了一个小作坊，利用自己的手艺做些小工艺品，卖给街上的商店，商店再卖给来旅游的游客。后来，妻子也加入到其中，夫妻俩在家里一边做工艺品，一边说说笑笑，丝毫看不出生活带来的痛苦。

丈夫总是很幸福地对妻子说："我觉得我们很幸福，天天都在一起，同劳动同吃饭，多好。"丈夫还学会了按摩，每天坚持给妻子按摩两个小时，妻子的病情大有好转，瘫痪的双腿渐渐有了知觉。

如今，妻子在拐杖的支撑下试着练习走路，尽管很痛苦，但妻子还是每天咬牙坚持练习。她说："尽管医生说过我的双腿不可能再恢复了，但我还是想试试看，奇迹不都是人创造出来的吗？我也试试看能不能创造出一个奇迹。"

或许，看完这个故事，你根本想象不到这是一个遭遇不幸的家庭，他们跟所有幸福的家庭一样，没有什么痛苦。什么是不幸呢？心若看开，人就永远不会败。积极乐观的心态是成功的起点，消极的心态是失败的源泉。在遭遇不幸的时候，选择了积极的心态，就等于选择了成功的希望；选择了消极的心态，就注定了要走入失败的沼泽。如果你想摆脱不幸，就必须摒弃那种扼杀你的潜能、摧毁你希望的消极心态。

鲍勃和艾克是两位住在乡下的陶瓷艺人，听说城里人喜欢用陶罐，他们便决定将自己烧制的最好的陶罐卖到城里去。经过十多年的反复试验，他们终于烧制出了他们认为最好的陶罐。他们幻想着，整个城市的人马上就能用上他们的陶罐，而他们也能因此过上富裕的生活时就兴奋不已，于是雇了一艘轮船，准备将所有陶罐都运到城里去。

不幸的是，轮船中途遇到了强烈风暴，等风暴过后，轮船靠岸，陶罐却全部成了碎片，他们的富翁梦也破碎了。鲍勃提议，先去酒店住上一晚，来一趟城里不容易，不如休息一晚后，明天再在城里四处走走，好好见识见识。而艾克则捶胸顿足地痛哭了一番后，问鲍勃："你还有心思去城里四处走走，难道你就不心疼我们辛辛苦苦烧出来的那些陶罐？"鲍勃心平气和地说："我们失去了那些陶罐，本来就够不幸的了，现在，如果我们还因此而不快乐，那不是更加不幸？"

艾克觉得鲍勃的话有道理，于是跟着鲍勃去城里好好地玩了几天。他们意外地发现，城里人用来装饰墙面的东西很像他们烧制陶罐的材料。于是，他们索性将那些陶罐的碎片全部砸碎，做成马赛克出售给城里的建筑工地。结果鲍勃和艾克不但没有因为陶罐的破碎而亏本，反而因为出售马赛克而大赚了一笔。

积极的心态使人看到希望，保持进取的旺盛斗志。消极心态使人沮丧、失望，限制和扼杀自己的潜能。积极的心态创造人生，消极的心态消耗人生。西部“牛仔大王”李维斯的西部发迹史充满坎坷，充满传奇。他的制胜“法宝”是：每当受到挫折，遭受打击时，绝不抱怨，并且非常兴奋地对自己说：“太棒了！这样的事竟然发生在我的身上，又给了我一次成长的机会。”对于我们每个人来说，生活和事业不可能一帆风顺，常常会遇到各种困难和挫折，我们必须永远怀有事情还会有转机的乐观心态，才能战胜逆境，获得成功。

第13章　看得远有福气，拿得起更要放得下

人的一生，只有匆匆数十年，然而这一生之中所遇到的坎坷和需要做出的取舍却很多很多。鱼和熊掌不可兼得是我们熟知的一个道理，你是否能够放下本就不属于你的那些东西，是否能够洒脱面对人生中的得失，一身轻松地踏上随后的征程。学会洒脱地放下，对于30几岁的你来说，会多一份成熟，而这份成熟正是你人生路上所需要的，它可以让你在今后的道路中轻装上阵。

“放下”是人生亮丽的风景

放下是人生的一种至高境界，是对一些事情的释然对待，它比放弃更具有一种不舍的态度，如同绕梁三日不绝于耳的音乐，在我们的心里回荡。

要想尽情享受你的年华中最美好的时刻，就放下那些你该放下的，让那些束缚你的外壳都褪去，然后像破蛹的蝶一样去翩翩飞舞。春天来了，就放下你那厚厚的外套，去接受春日里阳光的沐浴；周末来了，放下手头

的工作，去看看蓝天和白云，在草坪上快乐的奔跑……放下，就是这样轻松、温暖和愉快。

现在的人，拿起容易，放下却难。如果我们放下了，就可能被认为是失败者，我们也会误以为自己向现实认输了。在我们的词典里，强者是不轻易言输的。所以，我们常常会被一些高昂而英雄气的词语所激励，如不屈不挠、坚定不移、坚持到底、永不言悔等。

是的，人生需要磨砺，但是，如果前方是一堵墙，你还要继续走下去吗？不如转身去寻找更加适合的道路。如果非要“不撞南墙不回头”，那受伤的只能是你自己。

真正的强者，该放下时就会放下。你需要去做这样的一个强者。只有放下了，才能有新的开始，才会有更多获得成功的机会。就像前面说的，拿得起，放得下；反过来理解，放得下的人，才能拿得起。该放下的、该丢弃的就不需再背负在身上，无谓的坚持是没有任何意义的。放下，既是一种理性的决策，也是一种豁达心胸。只有当你学会了放下，你才能发现，你的人生之路原来如此宽广。

人的一生中，需要我们去放下很多东西。鱼和熊掌不可兼得是我们熟知的一个道理。我们本该放下那些不该属于我们的东西，只有这样，才能一身轻松地踏上随后的征程。

人的一生，说起来只有匆匆数十年，和浩渺的宇宙相比，如沧海中之一粟。在我们的一生中会出现许多坎坷，一帆风顺只是一个理想状态，我们在有所得的同时必然会失。学会洒脱地放下，会多一份成熟，而这份成熟正是你人生路上所需要的，它可以让你在今后的道路中轻装上阵。

说到放下，我们不能不说放下爱情，放下爱情不是一件易事，尤其是放下一段刻骨铭心的爱。就算是再美好的爱情，也有褪色的那一天，当那段爱情已不再属于你，你又何必再苦苦抓住不放呢？不如冷静下来，后退一步，学会放下，一切都会柳暗花明。如果只是固执守着一个人，只会挡住我们人生旅途的视线，我们除了会错过更多的美好风景之外，不会得到更多。学会了放下的人，才有可能拥有更加广阔的天空。

学会放下，在即将落泪之前转身离开，只留下一个简单的背影；学会放下，把昨天埋在心底，留给自己和别人一个最美的回忆；学会放下，让自己和周围的人都能有一个更轻松的开始。当爱情遍体鳞伤时，我们没有必要再去握住不放，就像手里的沙子一样，攥得越紧，反而漏得越快。在这一程将爱情送走，留下一个轻松美好的回忆，说声再见，道声珍重，感谢对方的一路陪伴，然后抽出手，自己踏上接下来的旅途。虽然爱过，却无缘继续做伴侣，只有重拾心情，错过了雨，我们不能再错过彩虹；错过了彼此，我们将会遇到这辈子的真爱。因而，有些时候，你应该学会去放下，因为放下也是一种美丽！

学会放下，人生备感轻松

如果想做一个有素养、有德行的人，就要先学会放下，这是你人生的一个重要砝码。为了得到快乐，有人去问上帝求一个答案。上帝告诉他说：“很简单，其实快乐就是学会放下。抛弃仇恨、远离烦恼、生活简单、淡泊名利、无私奉献、常设身处地为别人着想、笑口常开、心中有爱……”

学会放下，并非易事。如果你的执着太多、猜忌太多、欲望太多、回忆太多，就会阻止你继续前进，一条只能载两个人重量的小船，如果装上更多的大米、谷物，只能加重船的负担，可能这艘船连航行都是一个问题，更不用说可能到什么地方了，原本是出路的船，变成了一条绝路。

人也一样，你正是事业的上升期，如果身上背负的东西太多，肯定会喘不过气来，如果不学会去放下那些对人生无用的东西，那么最后就会被累倒。

面对已经得到的和即将失去的，如何去选择，又怎样放下，我们在生活中太难以权衡。

曾经有一个人去很远的地方办事，当时交通并不发达，他一路上跋山涉水，很是辛苦。当他快行到路途的终点时，他遇到了一处山势险峻的

悬崖，并一不小心掉到了山谷里，幸运的是，在他下落的那一瞬间，他本能地捉住了沿山而生一处藤蔓，这才暂时保住了性命，但是人悬荡在半空中，是上也难、下也难，正在他进退维谷、不知如何是好的时候，忽然看到慈悲的佛陀显灵，坐在莲花上，飘忽于悬崖中，慈悲地看着自己，这个人心想定是自己命不该绝，菩萨才来相救的，他急忙求佛陀说：“佛陀！求求您慈悲，救我吧！”

菩萨终于开口说：“我救你可以，但是你要听我的话，我才有办法救你上来。”

那人大叫道：“佛陀啊！到了这种地步，我怎敢不听你的话呢？随你说什么？我全都听你的。”

菩萨若有所思地点点头说：“好吧！那你就听我的话，先把你攀住藤蔓的手放下！”

这个人听了先是惊了一下，他怕放下藤蔓之后自己会跌入谷底，肯定会粉身碎骨，因此摇摇头，希望菩萨能有别的什么办法。佛陀看到此人心口不一，不肯放手，只好离去。

其实菩萨是来度此人成佛的，可惜他悟性还不够，错失了这次机会。

当你求助于别人的时候，却又怀疑别人，别人肯定不会再信任你，既然放心不下，又何必苦苦哀求呢？这就是人的生活。你往往正在为一些既得的利益而头痛，如果放下会舍不得，如果不放，就难以有进步……此时你的处境就如故事中那个人一般：进退维艰。而你应该如何去做呢？是如他一样不肯放手，还是按照佛陀的要求，先放下呢？答案在你心中必是十分明了的：只有先放手才能够得救。其实，与其说是佛救了你，不如说是你自己救了自己，只有放下这些拖累你的既得利益，你才能够得到真正的幸福。

人生如梦又如戏，我们就是在社会这个舞台上演绎着自己和他人的故事。我们每个人有自己的角色，我们既扮演着主角，也扮演着别人的配角，但是主角配角的扮演，全在于你对生活的重视程度，在很多时候，我们只是一个行色匆匆的路人，从一出生便在努力赶路。当我们身上的包袱越来越重时，我们才意识到自己确实累了，该休息休息，但是解决问题的根本办法是放下一些不必要的东西。我们如果背负了太多，就要为此付出一定的代价，行进的速度必然会变慢。

有一位普度众生、佛法无边的无际大师闻名海内外，一天一个青年背着一个大包裹千里迢迢跑来找无际大师，他说："大师，我感到自己非常孤独。长途跋涉的我累到了极点，我的鞋子磨破了，我的衣服褴褛了，我的手脚都划伤了，我口渴的嗓子也哑了，我什么时候才能拥有属于自己一片的阳光和一份快乐呢？"

大师问："你的大包裹里装的什么？"青年说："它里面装着的都是很重要的东西，至少对我来说是，是它们陪伴我走到这里的，里面有我跌倒时的哭泣，有我受伤时的痛苦，有我每次孤独时的烦恼……是它们一直陪着我。"

无际大师听到这里，带着这个青年去渡河，他们坐上一艘小船到了河对岸。上岸后，无际大师对他说，："你把船背上继续赶路吧。"青年人一脸不解，问道："大师，我为什么要扛着它赶路呢？它那么沉，我扛得动吗？""是的，孩子，你扛不动它。"大师微微一笑，"在我们过河时，船对我们来说是有用的。但过了河，我们就要离开船继续赶路，不然，我们如果非要带走它，它会变成我们的负担。痛苦、孤独、寂寞、苦难、泪水，这些都陪伴着我们走过一生，但是我们不能在每一次遇到这些时都带上它们继续赶路，这样我们身上背负的东西会越来越多，也会越来越重，它们在当时对我们来说是有用的，可是过后，只会成为我们给自己制造的前进路上的绊脚石。孩子，生命不能太负重。"

青年听了大师的话，放下包袱，继续赶路，他发现自己的步子轻松而愉悦，比以前快得多。原来，生命可以更轻松，是不必如此沉重的。

我们有太多过于执着的东西，有生活、有梦想、有追求，有抱负，但假使我们太过执着，不仅不会顺利实现这些梦想，反而会被这些东西所拖累，它们便都会成为心灵里的负担，在这种盲目的追求中，我们迷失了自己的方向。生活过得简单一些，少一些负担，才会过得更轻松愉快，才能更快步地踏上下一段人生旅途。

只有放下，才能给自己的心灵一个放松的机会。放下紧张的工作，放

下琐碎的家务，放下紧张、压力、烦恼和忧愁，让生活变得自在与轻松。要学会放下，既放下那些没用的，也放下一些有用的，放下并不是遗忘，放下只是为了下一步更快地前进。学会放下，就像日出日落，花开花谢，这是人生的一种正常现象，不必太在意。学会放下，不但自己可以更加愉快，还能让你的愉悦感感染到身边的每个人。学会放下，让我们在城市的喧嚣和忙碌中偷得片刻宁静，在轻松快乐中找回真正的自我。

爱一个人，就应该给他自由

泰戈尔说："爱一个人，就应该把你的爱像阳光一样包围她，然后给她自由。"

你是否意识到爱情本就是自由奔放的鸟儿，需要自由的天空飞翔，你越想控制它，它就越要挣脱出牢笼，就像原本自由的鸟儿突然失去自由一样，它宁愿撞死在笼中，也不向人类妥协。爱情里，当你和你的爱人都感受到被束缚的时候，你们之间原本自由美好的感情就变得不复存在，没有了相濡以沫，没有了心心相印，而只是虚伪的寒暄和一天天的煎熬，这时两个人在一起已经没有了爱情，彼此只因习惯而不愿分开，这时的你应该放手，让彼此都重归自由,如若不然，你们都会受到这种变质的爱的束缚，你们只会让爱折磨得筋疲力尽。

爱情是自由的，没有制约和束缚的，如果一段感情充满了束缚和制约，双方都会觉得自己爱得很累，疲惫了就不愿再飞翔，自由翱翔的翅膀被爱束缚，这就不是真爱了。

奥美在上海打工，这天突然接到母亲从老家打来的电话，说父亲病重。她匆忙请假回家，可父亲分明好好的，家里人是让她回来和前年定亲的小伙子结婚。为了这事，父母什么招儿都试过，希望她回家结婚，可是不管用。自从她去了上海，就发现原来天大地大，有很多自己还不了解的事，还有很多自己可以去追求的事，她不想那么早结婚，不想再回到农村去。于是她亲自上男方家把自己的想法说清楚了，男方家听了之后也没再为难她，说如果她不想结婚，那这桩婚事就算了，两家还是和和气气。她很感激对方家如此明白事理，在告别家人之后，她又回到了上海这片到处闪耀着现代化城市光芒的地方，从此，她开始了自己新的生活，开始了寻找人生真正的价值。

爱情本是自由的，而奥美的父母却自作主张包办了她的婚姻，这段婚姻只能束缚奥美，不会给她带来真正的幸福，所以，她和父母的命令“抗争”，没有接受父母的安排，摆脱了这种束缚。

爱情是有生命的，只有自由了，它才能更加丰富多彩，更加富有生命力。被自由束缚的爱苍白、无力、冷漠，这样的扭曲的爱会打乱你人生的前进步伐。只有放下，你才能解脱，对方也才能解脱。束缚你的爱不是真正的爱，它不是建立在精神层面的自由，不是两个独立个体的精神上的相依，即便接受了这种爱，在真正遇到风浪的时候，这种爱会迅速坍塌，最终因经不起生活的历练而分崩离析，而这场爱的受害者不只是你，还有对方。倒不如从开始就放下这被自由束缚的爱，还彼此一个自由。

当爱不再自由的时候，就要学会放下它，不要留恋。爱没有错，可是执着于一场没有自由的爱就错了。放下它，还自己一个自由，也还对方一个自由。

她在一个无聊心烦的夜晚，和他在网上相遇了。那天，她无意中点了一个同城市的一个很有诗意的名字，加那个人为好友，她只是无聊了，想找个人聊天，而这个人正好可以和他聊天，他们俩就这样聊了起来，他是个很具幽默感的人，尽管她对他说的都是些烦心事，可他总能帮她找到一线光明，他给她讲笑话，发一些好笑的图片，那天的聊天就那么愉快地结束了。再后来，每次她一上线，只要他在，总是会先和她打招呼，如果她有兴趣和他聊，他总是有好多话题和她聊，他懂的东西很多，看得出，他是个见多识广、历经沧桑的男人。但如果她没时间和他聊天，他就会静静地亮着头像守在一边，不会去打扰她，而当她要下线时才会发现，他还在线上，当她问他为什么还在网上时，他总是笑笑说：等你啊。

渐渐的，他和她的聊天多了起来，话题也越来越多，到了无话不谈的地步，她和他谈起她的烦恼，谈起她的快乐，谈起她的理想，谈起她的家庭，谈起她的工作。他也总是能像一个哥哥那样给她很多很好的建议。他比她要大十岁，所以慢慢地她真把他当做了哥哥，一个从未见过面的哥哥，她开始对他产生依赖感。她每天上网时，开始期盼见到他的身影，要是哪天他不在线，她总有一种说不出的失落感。

她是一个外乡人，独自在这个陌生的城市打拼，在这里，她很少有知心的朋友，大多数人都在为自己的小圈子忙碌着，而真正关心她的就是这个从未见过面的哥哥了。他记得她怕冷，当天冷时，他总是嘱咐她莫忘了多加件衣服；她还怕淋雨，一淋雨就感冒，当下雨时，他总是嘱咐她出门时莫忘带雨伞。面对他一遍遍的嘱咐时，她总是笑着说他太啰唆，像妈妈一样啰唆。他总是笑着骂她傻丫头。但说归说，她的心里总是感动于他的关心。

快乐的时光总是过得特别的快，几个月过去了，他们彼此都已经很熟悉。一天，他笑着说；丫头，我能看看你么，聊了这么久还没见过真人呢，我想看看古怪精灵的丫头究竟长什么样子？她同意了他的邀约，当他们见了面以后，两人终于相爱了，是那种浪漫的爱。

只是他早已有了家庭，他对自己的家庭有责任，她和他交往只能是地下情，他觉得委屈了这个小姑娘，自己不能耽误她的青春，他束缚了她，她本应该有个好归宿的，而他们之间是没有结果的。于是，他开始反省自己，他长时间不上QQ，上也是用别的号。他希望她能理解自己，希望她能在这个城市能遇见真正能让她幸福的人。他希望她能把他忘记，他不想束缚她。

放下被束缚的爱，是一种勇气，是一种爱的艺术。爱情就如一杯清茶，舍得才知其清甜，放下才闻其香郁；它又像一个缺口的苹果，舍得才知其甘脆；又如一个充满氢气的气球，松开手，它就能自由飞走。放下吧，不要让束缚的爱阻止了我们前行的脚步。

放下情执，不让自己在感情的世界里迷失了自我，失去了快乐。不要在爱情里纠缠不放，不要试图品尝爱情的残羹冷炙，不是你的爱情不要去追逐，还对方自由，也是还自己自由！

放下是通向幸福人生的选择

我们从出生到死去，无不面临着无数的选择题，人生中的选择和数学中的选择有很大的不同，人生中的选择是不定向的，而数学中的答案一便是一，二便是二。人生可以有很多选择，不是一次选择就能决定你的未来的，只要我们还有生的希望，我们就有无尽的选择。

不管遇到什么事情，无论我们内心会有多么痛苦，我们都可以做出一个对自己最好的选择。可是，怎样才是最好、最完美的选择呢？有这么一个故事，是关于一匹狼的，这个故事可以给我们一些启发。这是一匹非常普通的草原狼，但是又是一匹非常聪明勇敢的狼，它教训了那些自以为是的人类，让他们明白怎样去选择和放下。

非洲是非常好的狩猎场，有位富翁常去非洲狩猎，他喜欢和那些野兽斗智斗勇。这一次，他在非洲大草原徘徊了三个昼夜，才寻到了自己的狩猎目标——一匹草原狼。这匹狼在他的枪口下受了重伤，向导想剥下狼皮来庆贺狩猎的胜利，但是富翁突发奇想，想救活这匹狼，不知道这匹狼还能不能活下去。富翁随即用随身携带的通讯设备叫来了自己的随时候命的直升飞机，直升机把受伤的草原狼带去最近的一家医院救治。

只有能捕到猎物的狩猎才是真正的狩猎，猎物必然会在人的狩猎工具下受伤或死去，富翁以前的狩猎从未像这次一样心软，在他以前的狩猎中，他打死过更弱小的动物，他却没有心生怜悯，那些猎物都被当做美餐，他们的皮毛都被制作成工艺品，但是，这匹狼却让他重新思考了自我，让其心生触动，进而产生了“让它继续活着”的念头。

富翁当晚独自坐在草地上陷入了沉思。在他狩猎的那三天里，这匹狼被他和向导追到一个近似于“丁”字形的岔道上，正前方是迎面包抄过来的也端着一把枪的向导，狼被困在中间。在这时，这匹狼本来可以选择从岔路逃跑，但是狼却向着向导的方向冲去，它想夺路而逃，但是它为什么不选择看上去更安全的岔路呢？正是因为它的这一举动，才被富翁打伤，难道那条岔道比向导的枪口更危险吗？富翁非常不解，向导为他做出了解

释：“埃托沙的狼很聪明，它们深知在岔道上有着许多可能出现的陷阱，从岔道走，必然会掉进陷阱里，反而不如冒死冲出去有更大的生还希望，所以它选择了有枪的方向，而不是没有枪的岔道，这是草原狼在长期与猎人周旋中悟出的道理。”

那匹狼最后被救治成功，如今生活在纳米比亚埃托沙禁猎公园里，富翁负担了它所有的生活费用，因为富翁感激这匹狼教会了他一个深刻的道理：在这个充满竞争的社会里，真正的陷阱会伪装成机会，真正的机会也会伪装成陷阱。

一条看似有逃生机会的岔路可能充满了陷阱，而那条充满危险的路却可能有生的希望，狼在艰难的生存环境中悟出了这个道理，足以看出它是充满智慧的一种生物，可能连很多人都不能悟出的道理，狼却为了生存而思考了出来。

如今，社会竞争越来越激烈，各种社会情况越来越复杂，我们随时可能遇到像这匹狼一样的艰难境况，我们会如何选择呢？是选择那条看似安全的小路，还是那条迎着危险的大路呢？不过，不管怎么说，我们只是普通的人，我们有自己的思考方式，并不一定像狼一样去思考，也许我们有更两全的选择，但是选择是必须要去做的，在某些时候，我们反而不如那匹狼有理性并且目光远大。很多时候，我们都可能出现一些自己最不想看到的陋习，有目光短浅、唯利是图、自私自利等，只是我们不愿意承认罢了，人与人之间不断地重复上演着这些悲剧，而动物之间的关系比人更简单些。

其实我们放不下的就是那点做人的虚荣、那点面子和那点懒惰。只有放下眼前的这些小利益，才能做出正确的选择。如果我们只顾眼前的利益，不做长远的打算，我们就不能有更多的精力去对待长久的生命和美好的未来，只有放下暂时的欢乐，才能不是仅仅得到短暂的愉快，而是去迎接未来的曙光。

世界上有这样一种人，他们不管做什么事都是只有三分钟热度，他们想做好每件事，想学所有的技能，可又常常三天打鱼两天晒网。他们不会干一行爱一行，而是想要面面俱到，自以为可以学很多东西，可是最终却什么都没学成。这样的人，总是想要取得“双赢”的结果，希望所有的好结果都是自己的，所有的烦恼全是别人的。但是鱼和熊掌本就不可兼得，只有学会放下，才能走出属于自己的一片天空！

人生可以看成一条大路，向左走还是向右走，都是要我们随时进行选择的。当你向左走三步时，可能觉得不好，然后向右走三步，可是又觉得还是左边好，然后又回到左边，如此反复，就算你走了成千上万步，也不过是在同一个地方徘徊，这种拉锯式的选择最最要不得的。事实上不管你前面的路究竟如何，是平坦也好，是坎坷也罢，你都应该朝着一个既定的方向前进，只有这样，才能真正看到希望。

放下是一种人生哲学，放下了担心和犹豫不决，放下了常规的思路和既定的方法，再去选择一条创新的适合我们的路，然后坚定不移地走下去，这样最终你会得到成功的回报！

不计较得失，放开手向前看

人类也是从低等的生物一路演变而来的，在这个过程中人类掌握的知识和技能也越来越多，而人却变得越来越自私。有这样的一个故事：很久很久之前，精灵一族和人类是生活在一起的，但是人类的心上天生有个大洞，而且人类越进化，这个洞越大，什么东西都不能填满这个洞，这个洞代表人的欲望。精灵一族为了维护和人类的和平，只好隐居到人们找不到的地方去，而这些贪婪、自私的人类为了满足自己的欲望而去不断地扩张领土、破坏自己的生存环境……如果人类还不肯放下自己的欲望，不能和其他的族类和平相处，不肯收敛自己的行径，那么地球就会用自己的方式来反击人类，自然灾害就会更加频繁的发生——海啸、地震、泥石流、火灾等。

人类只有学会放下一些东西，才能去拥有另一些东西，有句话是这样说的：当你只想抓住一件东西时，你最多只能拥有这件东西，但是假如

你肯放手，你就有机会去选择获得更多的东西。我们每个人都背着一条口袋，这个口袋的容量有限，如果一开始你装的太多，那么以后将腾不出空间来装别的东西，但是如果你能扔掉一些以前得到的，但是现在没有用的东西，那就可以腾出空间来装一些更加重要的东西。当你很幸运地在路上捡到一块精美的小石头时，你可能会很开心，然后把它放在自己的口袋里，就这样，我们一直在捡，也一直在装。在不经意时，口袋就装满了，而想要装别的东西，就必须放下一些，腾出空间。

还有一些人，他们不仅喜欢捡东西，还妄想着去拿别人的东西，比如自己很不幸地被人偷了自行车，这种人就想尽办法去偷一辆别人的车来弥补自己的损失。可是这样的人不曾思考，其实上天是很公平的，当你失去了某件东西时，在某些时候上天会在其他事情上补偿你，可是你要是不安心等待而是选择去盗窃别人的财产，那么很快你就会失去自己的一些更重要的东西，比如说自由。然而事实上，在你做出选择的一刹那，就决定了你的人格到底如何。

有一位美国的名叫伯姆的农夫，他一直在自己所拥有的土地上种植玉米，并且为了在有限的土地上可以得到更多的产出，他不断地进行一些实验来研究如何改良玉米的品种，他心怀希望，不放弃自己的研究，盼着自己有朝一日能够种植出一种产量又高又不易受病虫害侵袭的玉米品种。凭着他的坚持，在历经了很多年的努力之后，他成功地培育出了这种新的玉米品种，为此，他获得了“蓝带奖”，这是代表美国农业界最高荣誉的奖项。

玉米新品种上市了，伯姆也随之拥有了他原不曾追求却也想得到的名气、声望、地位和财富。但是，他并没有因此而骄傲自满或故步自封，而是非常大方慷慨地把自己种植培育方法传授给其他的农夫，对此，他的朋友们纷纷表示强烈的反对，每个人都劝他赶快给自己申请一个专利，这样的话，仅仅专利一项就可以让他日后衣食无忧，也不必去种什么玉米了；而其他想要得到这种种植方法的人都要先付钱，而这也是伯姆应得的，伯母应该获得这些专利使用费，因为他是付出了多年心血的。可是他这样不仅不去申请专利，还分文不取地传授经验，这不是傻瓜的做法是什么。日后他不仅会面临为数众多的竞争者，他的专利还有可能会被别人抢去，这样他到时候就什么也没有了，只是白忙活了一场。

伯姆听了朋友的话以后，笑着向大家解释了自己的做法，他告诉朋友们说，植物的繁衍是依靠昆虫帮忙传播花粉，所以尽管自己的地里是优良的玉米品种，但是如果不受我们控制的昆虫把周围地里的劣质玉米品种的花粉传到自己的地里，自己的玉米品种也会受到影响，如此几代下去，自己的玉米品种也会越来越差，所以，与其让自己的玉米品种在不可抗拒的自然力下变差，不如让大家的玉米品种都变好，这样不仅让整个国家的玉米高产，而且从更大意义上来说，可以满足更多人的粮食需求，大家都得到了源源不绝的利益，何乐而不为呢?

由此看来，伯姆是个有着聪明头脑的人，不仅能研发出高产出的玉米，还懂得更为深远的大道理。他以和大家一同分享胜利成果为乐趣，与此同时，他也得到了大家的尊重和感激。而且他自己也认识到，能把自己所掌握的知识技能传授给别人，不仅是为别人好，也是为自己好，不仅提高别人的玉米产量，也帮助自己家的玉米保持良好的基因，只有大家好，才是真正的好。由此，我们也可以想到中国的“杂交水稻之父”袁隆平先生。如果他也是自己种自己吃，又去申请专利之类的，也就不会被全球人所敬仰了，更不用说去解决中国十几亿人口的吃饭问题了。所以说，虽然他放下了专利给他带来的利润，可他也得到了国民的认可和尊敬，他本身也实现了自己的价值并实现了对社会的贡献，他得到的并不一定就比金钱可以买到的东西少，他得到的是无价的精神上的自我实现和自我满足，总体来说肯定是利大于弊的，何乐而不为呢?

我们经常会对事物的得失斤斤计较，不愿自己蒙受一分钱的损失，可是人生的天平只有保持平衡才是最真实的，不可能你总是得到而不失去，也不可能你一直在失去却什么也没得到。“塞翁失马焉知非福”，得到的时候不一定就是好事，有时候，失去也是一件好事，而得到却成了灾难。

在我们的生命中，得也好，失也罢，都是我们自己的选择。面对一件事情的时候，也许我们觉得它是美好的，但是当我们得到它时，它却变成了一件坏事，其实，这往往是我们的主观臆想，到底好还是不好，还是

要看我们自己本身需要什么，而不是每次觉得好就收入囊中，总有一天，你会因背负沉重而倒下，而原先所谓的美好，再拿出来看看也没有那么好了，所以最好的就是顺其自然，有所得，有所失，都不要太放在心上。

人生有所舍，才会有所得

《卧虎藏龙》里有一句很经典的话：当你紧握双手，里面什么也没有；当你打开双手，世界就在你手中。

只有敢于舍弃，才能得到。倘若什么都不舍，最终你会发现攥在手里的其实并不是最重要的，就好像《红楼梦》里说的“机关算尽，反误了卿卿性命”，讲的也是不能总是一味索取，最终害的还是自己，其实说的就是无舍也无得，反倒连性命也赔进去的人。很多时候，把事情看开一点，处事淡然一点，遇事退一步海阔天空。

我们自己的选择权最终都是攥在自己的手上的，但是很多人根本不知道自己有这些选择的权利，并且很多人没有使用这些权利，他们任这些抉择的机会从身边溜走，他们不舍得放弃自己已有的东西，因而终其一生，却什么也没得到，这也许就是成千上万的人碌碌无为、平庸一世抑郁一生的最直接原因。现代社会的人，在摆脱了各种旧社会的束缚之后，有更多的机会来完善自己，在现代社会，每个人都有权利去实现自己的人生价值。只要拿起我们自己的选择权，放手该放手的东西，拾起该拾起的。每个人的精力是有限的，如果舍弃了旁支错节，将我们全部的精力放在最重要的事上，我们才能更加有所得。只有舍去生命中那些不必再陪伴我们走下去的东西，才能给生命注入新的激情；只有摆正心态，对未来始终怀抱希望，学会放手，才能拥有把握自己命运的伟大力量；学会放手，才能将人生的美好梦想变成辉煌的现实。

在巴勒斯坦的境内，有两个区别很大的海。一个叫做加黎利海，它其实是一个大湖泊，它清澈的湖水可以供给人畜饮用。不仅鱼儿常常在里面嬉戏，而且人们也经常来光顾，在这片湖泊游泳度假其乐融融。另一个就是著名的死海，这个海如同它的名字一样，给所有生命带来的是一片沉寂，它的海水盐度太高，导致基本的生物都不能在湖内生存，除了人可以漂浮在水面上是一个奇观外，这片海似乎没有其他的用处。这里的水不能饮用，也不能浇灌作物，里面没有生物，岸边也是寸草不生，没有人愿意居住在这块不毛之地。

可是关于这两个海有个有趣之处，就是竟然发源于同一条河流，最终才流入不同的海里。那么，到底是什么造成了同一源头的水，却产生了两番截然不同的景象呢？原来，一个是流入，然后流出：另一个是只流入，但是永不流出。约旦河水流入加黎利海的顶端，然后从其底部流走，它虽然拥有这水，但是却又毫不吝惜地再奉献出去，继续将之交给别人继续使用。然而约旦河水在注入死海之后，死海苦苦抱着这些河水，不让其流出，反而让景象越来越不堪。

死海自私地保留了甘甜的河水，却反而成了死海。因为它只想得到，并不想付出。一如我们人生在世，也同样是这个道理，开始我们总是从别人那里得到，我们学习的东西都是从别人那里获取的，是一个积累的过程，宛如小孩子吃糖果，喜欢什么都抓在手上。然而随着我们身心的成长，我们开始走向成熟，这时的我们就应该懂得，如果糖果抓得太多，最终只会洒了一地。很多人并没有觉悟，他们以为自己抓的越多越好，却没有把握好这个度，满手的糖果，结果总是握得太紧而全部失去。我们每个人都在每天的生活中逐渐成长，想要实现自己的幸福，就要先学会放手。随着我们慢慢地成长，我们开始学会精挑细选，选出自己最爱的那些糖果留下，而另一些则要放弃，往往在最后，我们只能保留一颗自己认为最重要的糖果，牢牢抓住这一颗，就是人生中最大的幸福。

“爱出者爱返，福往者福来。”我们付出过，但也许不是我们的每一次付出都能有回报，但我们的每一次得到都必然要有舍弃与付出。从某个方面来看，舍字说的是贡献，而得说的就是索取，作为社会中的人，我们应该懂得贡献与索取、获得与舍弃之间关系的平衡和把握。“将欲取之，必先予之”，这是古代传下来的人生哲学，也是古今中外成功者共同的处

世原则。当我们放手一样东西时，并非会失去所有的东西，我们成就他人的同时，也未必会损伤自己。成功的关键在于，知道什么时候该付出，什么时候能得到。只要怀抱一颗善良积极的心，肯舍，则必有得。

睿智取舍，别纠结自己心

生活不可能一直顺风顺水，当我们年轻的时候需要学会取舍，尤其是学会舍弃。三十几岁的人们正处在事业的上升期，也是人生开始辉煌的时期，在这个时候，尤其要学会放手。舍弃并不代表对生活的亵渎，而是获得人生更多机会的选择。事实上，放手比去获取更难一些，因为那需要更多的勇气。

当一个人长大时，要放弃童真童趣，这是为了能够收获成熟；当一个人在打拼事业时，要放弃安逸和享受，这是为了能够收获成功。人的一生总在不断地舍弃并不断地获得，就像美丽的蝴蝶必须要放弃温暖的茧；而蒲公英想要生长的更远，必须要放手让它的种子飞得更远；鸟儿想要学会飞翔，就必须大胆迈出悬崖上的第一步，放弃站立在树枝上的安全感，才能拥有更广阔的天空。

生活中，人更要学会取舍。只有放弃焦灼的心理，身处乱世而不惊，静静地等待生活的转机，学会让自己对生活、对人生能有一种了然的洒脱和超然的淡定，这样不管是得到还是失去，我们都能更好地去处理，并且在这一过程中，去慢慢地认识自己。当人学会取舍后，做人处世才会更容易。放手后，你会发现，身边拥有的是最广阔的天空，看到的是最美丽的风景。

比尔·盖茨是一个神话，他连大学学业都没有完成，就中途退学开办了微软公司，成为了世界首富。曾有人这样说，即使前面地上有一张百元大钞，比尔·盖茨也不会去弯腰捡起，因为捡起这张钞票的这一秒钟，他损失的可能是上百万美元。这种说法听起来有点夸张，但比尔·盖茨每秒钟确实可以赚到上百万美元，作为一个无比聪明的生意人，他舍弃了学业，但这给了他开创一个时代的机会，同样的，放弃面前的100美元，能给他带来的是更为丰厚的利益。

倘若你一直在如何取舍之间犹豫不决，那么最终你将一无所获。你更要学会取舍，因为你的时间不多，而且每分每秒都能决定你的命运，尽管你还要经历很多，但此时你面临的都是重要的抉择，一定要先学会放手，才能去开拓另一片天空。一个杯子如果注满了水，就再也放不下什么。身上背负太多，就会成为一种负担，背着太多的过去，就无法去承载未来，即使遇到更美好的东西也再也装不进去了。过去可以拿来回忆，但我们不应沉沦在过去。学会取舍才能让你更轻松面对一切，来迎接收获。

据说，恺撒大帝在一次与敌人的交战中，损失惨重，他的将士们士气都非常低落。但是在那天夜里，他做了一个梦。

在他的梦里，出现了一位智慧的老人，这个智者给他讲了一句名言，这句至理名言的含义中囊括了所有身处困境时可以用到的智慧，这句话可以使任何人在失意时，仍能奋发图强、不折不挠、拼搏向前，直至最终走出困境。

可是一觉醒来，恺撒大帝怎么也想不起那位老者说过的话了。于是，他把帝国中最具智慧的谋士都聚集到一起，把自己的梦境详细讲述给他们听，并让他们商议出到底是怎样一句至理名言，然后他拿出自己的佩剑说："你们一定要想出这句名言，我要把这句话刻在我的剑上。我要用它征服整个世界。"

谋士们在苦思几天之后，终于高高兴兴地给恺撒大帝送来佩剑，剑身上镌刻了这样一句话："一切都会过去！"

是的，一切都会过去，这句话可以鼓励我们继续向着未来前进。人要学会放手，失败了就让它过去，错过了就让它过去，人的一生，没有必要去回头感伤，最重要的是继续谱写未来。学会放弃，是你人生旅程的一种超越，更是一种升华。想想"不以物喜，不以己悲"的境界，我们会明白，只有放弃，才能收获另一种美丽。古人云，鱼和熊掌不可兼得。我们不可能同时拥有所有的东西，如果不是你应该拥有的，就要学会放弃。在

这几十年的人生旅途中，有所得就必然有所失，我们学会了取舍，就能拥有一份以前所不得的安然祥和的心态，而这种心态才能让我们活得更加充实、坦然和轻松。

当我们学会放手时，我们有了更多的信心；当我们学会放手时，我们也不怕跌倒，尽管跌倒，我们依然可以从头开始；当我们学会放手时，我们不再意志消沉，也不再和别人出现纷争。

没学会取舍的人，总是放不下心头的不如意，他的生活就如同充满浓雾的森林，整个人都会迷失在其中，当他难以挣脱出去时，又会一味地自怨自艾，自暴自弃，于是所有的青春、斗志、坚持这些美好的东西与悠悠岁月便擦肩而过了，恰如风过竹面，雁过长空，就像苏东坡的一声人生长叹："事如春梦了无痕。"你应该懂得生活中苦乐参半、悲喜交加的感受，也应该明白舍去的重要性，只有学会取舍，拥有一颗达观、开朗的心，才会生活得有声有色，成就未来。

输赢不能衡量人生的成败

我们生活在这个世界上，从小就被教育"要有理想有抱负，要做一个成功的人"，然而人生真的有输赢之分么？那些功成名就之士的人生就是成功的，平凡普通的人生就是失败么？当然不是。人生的输赢是相对的，关键还要看自己怎样去看待，每个人的追求不同，目标不同，活着的意义也不同，因此不要把输赢看作衡量生命重量的标准，生命的重量也不是任何一杆秤可以称得出来的。

年轻人在社会上打拼，无论从事着何种职业，无论是顺利成功还是苦苦煎熬，都是一种独特的人生经历，只要能够做自己喜欢的事，保持对生活的热情，快乐生活，那么即使平淡一生，也是幸福的。一个人为了自己的事业和理想拼搏，本身就是值得人们为之喝彩的，在这种精神之下，输赢已经显得不是那么重要了。

2008年北京奥运会是举世瞩目的一次大型体育运动盛会，由于是东道主，中国运动员的表现自然受到亿万国人的关注与期待。在所有人都期待雅典奥运会冠军能够再一次完成奥运首金的壮举时，杜丽却失败了。8月9日晚，当奥运村笼罩在兴奋和祥和中的时候，杜丽悄然离开。那个夜晚，在运动员宿舍自己的房间里，杜丽除了哭就是哭。随后的几天，杜丽更是坚决不出门。“怕别人认出我来。”杜丽很害怕。

“我不想打了。”从那一刻开始，压力下的杜丽无法承受，她不断地说出这样的话，就在8月13日，步枪三姿比赛的前一天，杜丽训练状态又不是很好，她又想到了放弃。教练王跃舫无疑是最着急的人，“想想当初选拔上的高兴心情，现在机会来了怎么能放弃呢？不管前面怎么难，我们还要努力，想看五星红旗升起，那咱们拼进前三名就可以了。”后来不断有观众、志愿者、记者给杜丽送来祝福和鼓励的卡片，报纸上，理解杜丽的文章成为主流；互联网上，宽容杜丽呼声一浪高过一浪；现实中杜丽也不断得到各方的支持；杜丽终于放下了心里沉重的包袱，放下了失败带来的痛苦，重新走向射击场，在14日的射击比赛中拿到了奥运金牌。

赛后记者问杜丽如何摆脱失败的阴影重回最高领奖台的，杜丽说，“其实前几年我的心态一直放得比较好，我觉得首金不首金都无所谓，因为对运动员来说能够参加奥运会已经是很不容易了，经过了层层的选拔。但是到了后面，国人的期盼、各界给你的帮助，杜丽你需要什么，我们都来帮你完成这个(夺首金)愿望。到了后面，好像不仅是自己一个人在比赛了，而是为别人了，因为有太多人帮助我了，如果打不好就感觉好像是对不起他们、辜负了他们。当时打之前那几天没有电话，对着天花板在想，如果我打好会怎样，打不好又会怎样？当时感觉把那股火，把斗志给逼出来了，最后我也没有想过为什么跪射会打得那么好，真的已经是很棒很棒了”。

杜丽最后成功了，她克服了自己心中的阴影，成为了中国人的骄傲，然而即使她并没有夺得金牌，想必大家也不会对她有任何看法，毕竟不能靠一次比赛的成绩来给一个人定性。在这样一个物欲横流的社会，年轻人很容易把输赢与否当成一个人是否成功的标准。以输赢论成败的人生，犹

如一个巨大的赌局，在这场赌局中，谁也不能成为永远的赢家，谁也不可能永远做输家。有些人在赢的时候，自然会春风得意、激情飞扬，而输的时候也难免失魂落魄、一蹶不振。这种人的得失心过重，很难得到真正的快乐。

有些年轻人由于不能用一个很好的心态来面对人生中的“输”，一旦遇到一些经济上的、生活上的或者情感上的挫折和失败，就会被击倒在地，整个人都变得萎靡不振、思想颓废。而那些不看重输赢成败，只在乎生活本真的人，他们会平静地接受现实，放下失败带来的不良情绪，把失败当作锻炼自己的机会，以更加积极的心态再次迎接挑战。

年轻人在社会上打拼，不可能一帆风顺、事事如意，面对生活中的得与失，工作上的成与败，要用一种豁达的心态去看待。年轻人如果能拥有一种达观的心境，便超然脱俗、不为世事所累，不以成败论英雄，不用输赢定人生。

第14章　看得清是智慧，追随内心牵手幸福

女人是男人的一半，男人是女人的一半。男人和女人就像南国的相思柳，无论缺少了哪一半都必将枯萎、凋零。于是，带着相思之情，男男女女苦苦追寻适合自己与另一半的缘分，一路上哭过，笑过，也刻骨铭心过。爱情，就像在走迷宫，我们一定要用心体会其中的奥妙，看破玄机之后，让智慧指引你找到出去的路。

看他也是爱他的生活方式

每个人都是这个社会上单独的个体，都有自己的独特的生活方式，恋爱中的人很容易被对方的生活习惯、生活方式感染，然后不知不觉改变。

年轻人的选择，总是激情的冲动，实际上，选择一个爱人，也就是在选择一种生活方式，一些人经常因为爱人的要求或喜好改变自己原有的生活方式，久而久之，竟忘了自己原本的习惯是怎样的了。也有的人，因为爱而结合，却因为对方的生活方式而分手。

郭倩第一次见到韩斌的时候，就被他那股狂放不羁的个性深深地吸引

住了，她觉得韩斌就是自己一直在等的那个人。

朋友告诫她，韩斌就像风一样，谁都不能令这阵风留下，可即便如此，郭倩还是无可救药地迷上了韩斌，陷在爱情的漩涡中无法自拔，两个人还是走在了一起。

韩斌很浪漫，和他在一起，郭倩总会得到意想不到的惊喜，她每天都生活在蜜罐里，感觉自己就要被幸福融化了一样。

与韩斌交往的时间久了，一种不安的情绪开始在郭倩心中慢慢滋长。真的就像朋友说的那样，韩斌就像一阵风，洒脱却也飘忽不定，郭倩感觉自己每天都悬在半空中，一不小心，就会重重地摔倒在地。

韩斌喜欢刺激，他经常和朋友一起去赛车，但他每次赛车的时候，郭倩就会不由地为他担心，生怕他发生什么意外；韩斌喜欢交朋友，经常和朋友一起出去酒吧，总是深夜才回家。韩斌的生活，韩斌的兴趣爱好，韩斌所有的所有，都让郭倩觉得极不踏实。

郭倩也曾试着和韩斌沟通，把自己心里真实的想法告诉他，可韩斌听了之后却说："你认识我的时候，我就是这样的啊，我不可能改变的。"

郭倩很伤心，但她不怪韩斌，就像他说的那样，他们认识时他就是这样了。既然自己没有办法令他改变，而自己也不想每天这样提心吊胆生活，最后的结局，就只能是分手。

分手的那一天，韩斌真诚地对郭倩说："对不起，我不能给你安全感，但这就是我的生活方式，没办法改变。下次再谈恋爱的时候，如果不能接受他的生活方式，就不要在一起，免得自己再受伤害。"

你可能也会有郭倩这样的经历，因为不能接受对方的生活方式而和自己心爱的人分道扬镳。年轻时总认为爱可以战胜一切，实际上两个人相处并不是只要相爱就可以的，还要接受对方所有的好与坏。当你和对方在一起的时候，就必然会融入到对方的生活中去，自愿或被迫适应对方的生活方式。

年轻的爱情总是很自我，总是强求对方按照自己的生活方式过活，他们认为对方如果真的爱自己，就会为自己而改变。有时候，对方也极力想去融入你的生活，可到了最后，却发现自己做不到，于是两个人的缘分也就尽了。

当然，也有人因为爱而成功改变了自己的生活方式，并从此过着快乐幸福的生活。男生可以为了自己心爱的女孩戒酒戒烟，女孩也会按照男孩的喜好改变自己的穿着打扮；男孩可以为了心爱的女孩去看自己并不喜欢的韩剧，女孩也会因为男孩的喜好和他一起去看一场她根本看不懂的篮球比赛；男孩还可以为了自己心爱的女孩勉为其难的做一顿饭，女孩也会因为男孩工作的需要而和他出席一场无聊的宴会。

恋爱中男女的智商是零，当彼此的生活方式发生冲突时，他们就会为了对方改变自己的生活方式，希望自己的改变能给对方带来舒心和愉悦。他们不觉得这种改变是委屈自己，相反，反而会因为这种改变而觉得幸福。

选择一个爱人，其实也就是选择一种生活方式。选择一个广州人，就可以天天喝早茶，看报纸；选择了一个马尔代夫人，就可以天天过阳光沙滩的日子；选择一个意大利人，就可以过米兰的时尚生活或者是西西里岛黑社会的日子。

年轻人总是很容易在爱情中迷失自己，他们的爱情总是脆弱得经不起风雨的吹打。年轻的爱情刚刚开花时，先不要着急收获果实，仔细观察一下这个人，看看自己能否适应他的生活方式，或自己能不能为了这个人而改变自己的生活方式。如果可以，就大胆去爱吧；如果不行，就快刀斩乱麻，免得日后受伤。毕竟，青春没有几年，在青春有限的岁月里，我们应该用心培育最美最灿烂的爱情之花。

爱他就是选择接纳他的一切

相爱的人，总是对爱情和婚姻有完美的遐想和期盼，总是希望另一半和自己想象中的一样。但是，当看到理想和现实的差距时，有些人选择坚守，有些人却选择了放弃。爱情不是游戏，如果你只能接受她的优点，却

包容不了她的缺点，那你的爱就不再是爱，只是一种喜欢。爱一个人，就选择接纳他的全部，包括他一切的优点和缺点。

在圣洁的教堂里，在牧师的见证下，在亲人朋友的祝福中，范恒和夏雪走进了婚姻的殿堂。看着眼前这对幸福的新婚夫妇，谁又知道，新郎的左腿其实是假肢。

范恒本来是一位非常优秀的足球运动员，总是在球场上快乐奔跑，有着美好的爱情和光明的前途。但上天似乎嫉妒这位幸运儿，让他在一次车祸中失去了左腿。

当知道自己失去了左腿之后，范恒整日郁郁寡欢，动不动就发脾气，还表示要和夏雪分手。夏雪伤心地哭了，但她并没有因此而离开，而是默默地守护在范恒身边，每天给他做好吃的，陪着他做复健，尽自己最大的努力照顾他。而对于夏雪所有的付出，范恒只是沉默，似乎什么都看不到。

有一天，夏雪正在削苹果，范恒看着眼前自己心爱的女友，终于忍不住说："我现在这样子，你还愿意和我在一起吗？"

夏雪没料到范恒会和自己说话，她愣了一会，然后抬起头，微笑着说："无论你变成什么样子，我都愿意和你在一起。"

"为什么？"

"因为我爱你，无论是好的还是不好的，只要是来自你的，我都爱。"

说完，两个人都泣不成声。

范恒决定重新振作，他开始认真做复健，还准备接受医生的建议安装假肢。在他安上假肢重新站起来的那一天，他激动地向夏雪求婚，而夏雪也幸福地答应了。

当夏雪穿着白婚纱，将自己的手交给范恒的那一刻，她深深地觉得自己的选择是对的，她也越来越坚信：如果真的爱一个人，就应该选择接纳他的一切。

每个人都有自己的缺陷，或身体上有残缺，或性格暴躁，或有不堪回首的过去，面对这些缺陷，我们没有办法只爱对方完美的地方，而将不好的全部丢弃。一个人，要想收获美好的爱情，就必须学会选择，选择接纳对方的一切。

据说，在这个广袤的世界上，一个人与另一个人相遇的可能性，只有千万分之一，而成为伴侣的可能性是五十亿分之一，如果你们相爱了，那就是一种命中注定的缘分。但世界上有太多的爱情，到最后都是有缘无分，之所以会有这种结果，是因为现在年轻人的爱情都很不成熟，相爱时，他们选择只爱对方的优点，而在对方的不完美面前，就选择了不爱。

年轻时浪漫的爱情总是美好的，但一旦真正走入婚姻，整个爱情世界就全变了。琐碎的生活，对方身上的缺点，还有永远理不清的婆媳关系，这些问题接踵而来，严重考验我们的爱情和婚姻。当原本美好的爱情千疮百孔、面目全非时，年轻的心开始动摇了，开始怀疑爱情，怀疑自己当初的选择是不是错了。

英国文学家劳伦斯在《现代的婚床》中说："婚姻永远不会十全十美，不管人类怎样想方设法地改变它。婚姻是一种妥协，需要大量的忍让、同情和相互间的理解。尽管如此，婚姻仍然是人间一种最美好的关系。也许有些在情场上失意的人会抱怨婚姻的存在，但是在社会各阶层和各种年龄的人当中，肯定会有更多相互爱慕的男女为他们结婚的那一天祝福，并把这一天作为他们一生中最为自豪的时刻。"

我想，当你让他为你戴上婚戒的那一刻，你是深深爱着对方的，你们如此的相爱，打算厮守一生、携手到老。那为何面对对方身上的缺点时，你却胆怯了呢？既然选择爱他，那你就该无条件地选择接受他背后的一切，用一颗宽容、博大的心，包容、接纳他的一切，爱他的一切，只有这样，幸福才会离你越来越近。

年轻人总是如飞蛾扑火般拼命去爱，但这样的爱情有时会很受伤，想一刀两断却又舍不得放下，如果你现在正在爱与不爱之间痛苦抉择，不妨想想自己此刻为什么会如此的痛苦。如果不爱，那你就可以很轻松地放弃，但如果你心力交瘁却仍舍不得放手，那就说明你还在爱着。因为爱，所以才会痛苦；因为爱，所以才难以抉择。这时候，将你年轻的心沉淀一下，你会发现，好好爱惜自己的最好方式，就是选择接纳他的一切。

世界上没有完美的爱情，但爱情不会因为它的不完美就不再美丽，相

反，往往有缺憾的爱情才是最美丽的，就像失去一只胳膊的维纳斯，因为残缺才更美丽。

站在爱情的十字路口上，我们年轻而又富有激情的心有时会不知所措，不知道该如何抉择。你无法得到完美的爱情，因为世界上并没有完美的人，也没有一个人天生就是为你准备的，而且有很多缺憾，是无论如何都无法弥补的。面对爱情，你只有两条路，一条路是选择接纳他的一切，另一条路就是选择将他从你的爱情世界里彻底剔除。

摇摆不定的你的心，如果真的爱他，就选择接纳他的一切吧，选择接纳他的优点和缺点，过去和将来，还有他所有完美和不完美的地方。年轻时你可能会觉得这个选择很难，但等到你们渐渐老去，相互扶持着走在黄昏路上的时候，你会发现，当初的选择，就是你幸福的起点。

选择最适合你的，而不是最好的

每一位女孩在幻想自己的白马王子时，总会把他想象得十分英俊，举止得体，还有令人羡慕的家庭背景，最重要的是，他深深地爱着你，无论你做什么，他都会包容你，体谅你。

带着自己美好的憧憬，我们在现实世界中寻寻觅觅，到最后才发现，原来那样的王子只有在童话中才会出现。因为，像王子那样的人在现实世界中太少了，即使有，你也未必是他想保护的那个公主。回归现实之后，你终于明白：自己的王子不一定是最好的，但一定是最适合自己的。

有一位老太太，她有两个女儿，大女儿的丈夫自己开公司，还有几处房产，生活十分富裕，但大女儿过得并不开心，因为丈夫总是忙于工作，没有时间陪她。

小女儿到了结婚的年纪了，她打算与工作中认识的一位男孩结婚，但老太太却不同意，她觉得男孩出身农村，经济条件不是很好，而且男孩的相貌一点都不出众，根本配不上自己的小女儿。

因为老太太的反对，小女儿多次与她发生争执，最后气得小女儿丢下一句话："我就是要和他结婚，你要是不同意，我这辈子就不嫁了。"老太太见小女儿如此坚决，又想到大女儿不幸的婚姻，最后只好点头答应了。

婚后，老太太渐渐发觉小女儿的选择是正确的。因为她的丈夫虽然不是很有钱，但是每天都辛辛苦苦工作，并把所有的工资都交给妻子管理。而且，他十分疼爱妻子，从来不让她做粗重的活，家里所有的事都会和妻子商量。老太太的小女儿生活美满幸福，整个人自然也越来越神采奕奕了。

看着两个女儿完全不同的婚姻状况，老太太由衷感叹：最好的，不一定是最适合自己的，只有选择最适合自己的，才会得到幸福。

其实，选择自己的另一半就和选择鞋子一样，不一定要用最好的材料，但一定要适合自己，穿着舒服。有的人会说，好材料做的鞋子一定会舒服，是吗，那如果你是三十七号的脚，而那双用好材料做的鞋子却是三十六号的呢，这样的鞋子穿起来会舒服吗？

你选择的恋人，不一定是最好的，但一定是最适合自己的。有一句话说得好：选择适合自己的对象去爱，比用什么方式去爱，还重要得多！可惜大部分的人，都是花了太多的心力去调整爱的方式，直到有一天，弄到精疲力竭，走到无言以对时才发现：所有关于爱的努力，都必须建构在适合自己的对象之上才会有意义。

有的人误以为最好的就是最适合自己的，其实抱有这种想法的人真的是世界上最大的傻瓜。他很有钱，但他却流连烟花场所，整日让你独守空房；他很帅气，却没有作为男人的担当，一旦面对困难撒腿就跑；他多金又专情，但他喜欢的人不是你。这样的人，你敢托付终身吗？

有一位女孩的，她的婚姻非常幸福，但她当年选择结婚对象时，有两位男孩在追求他，其中一位条件非常好，但她还是选择了后者。当时身边的亲戚朋友都很不理解，她解释道："就是因为他条件太好了，我自身条件并不出众，所以他不适合我。"事实证明她的选择是正确的，她和老公一直过得十分幸福，而那个条件好的男孩据说最终和妻子离了婚。

那什么样的人才是最适合自己的人呢？有的人寻寻觅觅了半辈子，一路上磕磕绊绊，把自己摔得千疮百孔，却仍没有找到。蓦然回首，突然发现那个最适合自己的人曾经在自己的生命中出现过，只是当时你对他的爱视而不见，现在想去追悔，却为时晚矣。

现在的年轻人讲究张扬个性，那个性十足的你，什么样的人才是最适合你的呢？那个最适合你的人，一定要为你带来幸福，他不一定很有钱，他也不需要十全十美，更不需要真的骑着白马送你一座城堡。他只需要把你放在心里，因为你的开心而开心，因为你的痛苦而痛苦。这样，就是简单的幸福。

二十几岁的心还不够成熟，会受伤，也会贪心的想要拥有很多。最适合你的人，会在你伤心的时候，第一时间陪在你身旁，为你擦去泪水；他会掏出所有的钱为你买喜欢的衣服，而自己却穿着一件穿了很多年的旧衣服；你们外出吃饭的时候，他会为你点红烧带鱼，而自己却吃蛋炒饭；你穿少了，他会责怪你；你喝酒买醉，他会给你换成冰红茶……他会包容你的年轻，会包容你的不成熟，会包容你所有的缺点。

前面的那个人虽然英俊、富有、才气逼人，对于年轻人来说，真的是一个很大的诱惑。但他会真心爱你，他真的适合你吗？和他在一起你会幸福吗？因为年龄和阅历的关系，年轻人总认为最好的就是最适合自己的，但实际并非如此。最好的不一定适合自己，适合自己的人才是最好的，两个人在一起开心地生活，那才是世界上最大的幸福。如果你眼前正好有适合自己的人，一定要认真把握，莫让年轻遮蔽了自己的眼睛。

金钱不是选择爱人的杠杆

爱情和金钱，已经成为永久的话题，人们总是乐此不疲地谈论着。现在大部分年轻人，将金钱作为衡量爱情的标准，认为没有钱就没有爱情。

年轻人的这种爱情观真的是正确的吗？当爱情因为金钱而变质的时

候，那还是爱情吗？当对方有大把大把的钞票供你挥霍时，他到底是你的爱人还是你的提款机？

一位著名的大师进行了一场关于金钱与爱情的演讲，他认为当今社会的大部分感情都禁不住金钱的诱惑，为了证明自己的观点，他做了一个测试。

测试的内容很简单，就是假设你的一个仇人爱上了你的女友，现在想要你退出。你很爱自己的女友，但那个人愿意出一些钱来补偿你，这时候，男士会怎样选择？

所有的观众都很不屑这种论调，大师缓缓开出了第一个价格“5万元”！

现场的观众纷纷表示：爱情是无价的，区区五万不可能让自己同时放弃爱情和人格。

大师接着开出了第二个价格“50万元”！

现场的声音小了很多，一部分人开始在心里计算了，过了好大一会儿，绝大多数的男人依然选择了坚守爱情，只有少数的人接受了这50万元，其中的一个人说：“自己没有钱，父母苦了一辈子了，临老了生病没钱医治，为了父母，放弃爱情吧。”

大师接着开出了第三个价格“500万元”！

现场更静了，结果一半的男人选择选择了沉默，而另一半的男人则怯生生地说：“我要爱情。”沉默的男人选择了金钱，毕竟，500万元可以买一套房子，一部车子，全家过上好日子，甚至可以开始自己的事业。

大师接着开出了第四个价格“5000万元”！

全场哗然了，对于大多数的人，一辈子也挣不了这么多钱，现场所有的男士都毫不犹豫地选择了放弃爱情。一位男士说：“如果我有5000万元，我就可以成就事业，帮助别人，做许多有意义的事。”

这时，一位女士站起来说：“那个人不必给我的男朋友5000万元，给我500万元我就跟他走。”全场男士一片震惊。

在这个物欲纵横的社会，爱情已经不仅仅是两颗心的相互碰撞，而是增加了许多社会的因素，其中最重要的就是金钱。许多人都将钱作为衡量爱情的标准，对他们而言，有钱就有爱情，没钱就没有未来。更可悲的

是，这样的爱情观已经堂而皇之地成为当代年轻人公开承认的事实，大家不会因此而觉得羞耻，都觉得这是理所当然的事情。

金钱可以使爱情变得更浪漫、更美丽、更有情趣，色香味美的生日蛋糕可以使情人的华诞洋溢着欢乐的气氛，高贵的钻石戒指可以使结婚纪念日成为了人生温馨的回忆，一次倾情旅游可以使二人世界的甜蜜成为生活中最美丽的时刻。但是，奢华的背后难道就没有孤寂和辛酸吗？有钱人真的可以理直气壮的高呼自己很幸福吗？

如果真的幸福，那为什么上流社会的贵妇人会为了排遣寂寞而一掷千金；如果真的幸福，那为什么有钱的男人会流连烟花之地，夜夜买醉呢？而那些所谓贫贱夫妻，却在冬天相互依偎着取暖，在大街上手牵手漫步，在物质上并不奢华的他们，心里却是满满的幸福。

张海曼没有爸爸，从小吃了很多苦，她立志要成为有钱人，将来不再受苦。后来，真的有个有钱人向她求婚了，此刻的她应该感到高兴，但她却胆怯了，最终拒绝了那个人的求婚。

朋友不解，问她为什么，她感慨地说："我们没有好的家世背景，也没有读过多少书，我现在年轻漂亮，他很喜欢我，可等我老了呢？而且我们之间有很大的差距，将来在一起真的会幸福吗？我虽然喜欢钱，但我不想让钱成为我不幸的根源。"

张海曼的考虑确实很有道理，幸福是需要两个人用心经营的，只是靠金钱维系的爱情不可能得到幸福，而且事实难料，今天的有钱人也有可能在一夜之间倾家荡产，变得一无所有，那时候，没有真正爱情的基础，你们将怎么走下去？而现在一无所有的穷光蛋，也有可能凭借自己的努力开创一番新的天地，到时候，和他同甘共苦的你，就会成为他心中的至宝，一直把你捧在手心里。

现在很多年轻人并不明白幸福的真正含义，总是以为有钱就会有幸福，将金钱作为衡量爱情的重要标准，但实际上，选择了夹杂着金钱的爱情，也不一定能得到幸福，物质生活得到满足后，精神世界照样会饥渴。真正的爱情，应该是同甘共苦的幸福，是相互扶持的温馨，是共同开创未来的期盼。

因为寂寞，所以选择恋爱

花花世界中的青年男女，总是觉得世界空虚寂寞，于是，一些人开始上演分分合合的爱情故事。爱情本来应该是美好的记忆，可用来填补寂寞的爱情，种下的是发霉的种子，怎么可能开出五彩斑斓的花朵？

每个女孩子在大学最美好的憧憬就是一场美丽的邂逅，一段浪漫的恋情，可赵莎一直都没有遇到自己心仪的男孩，反而有一个自己不喜欢的宋鹏不停地对她展开猛烈追求。

起初，赵莎还坚决拒绝，但是，看到其他情侣每天成双结对地走在校园里，她开始觉得寂寞，这种寂寞啃噬着她的心，她觉得自己都快窒息了。渐渐地，赵莎不再拒绝宋鹏，再后来，赵莎成了宋鹏的女朋友。

宋鹏对赵莎很包容，起初赵莎还觉得很幸福，但渐渐地，她觉得这种包容让自己很难受，让自己无所适从，她开始觉得自己错了，不该因为寂寞开始这段恋情。好多次，赵莎想提出分手，可想到宋鹏对自己的好，她就觉得自己很残忍，几次话到了嘴边又咽了回去。就这样，赵莎陷入了两难的境地，她开始疏远宋鹏，开始动不动就和宋鹏发脾气。

一次深夜，赵莎接到宋鹏的电话，电话里宋鹏醉醺醺的胡言乱语，他说自己想赵莎，让赵莎去见他。

赵莎来到宋鹏喝酒的小酒馆，看着满桌的酒瓶和宋鹏醉倒在地的身影，赵莎很自责，很心痛，她默默地告诉自己：就这样一直下去吧，实在不行就等到毕业，那时候很多恋人都会分手，我们也应该会分手吧。

就这样，赵莎和宋鹏一直在一起，她也开始对宋鹏好，她想大学这段时间好好弥补他。赵莎整天数着日子，她熬啊熬，终于熬到了毕业。

毕业前一天，宋鹏说想和赵莎出去走走。走在昔日曾无数次走过的小路上，宋鹏开始说话了："我第一次见到你的时候就喜欢你，可是我知道，你只是因为寂寞才选择和我恋爱。我天真地想，只要我真心对你好，你总有一天会喜欢上我，但我发现自己错了，无论我怎么努力你都不会喜欢我，这段时间你很痛苦，我也没有真正幸福过。"

“对不起。”赵莎惭愧地说道。

“不用说对不起，毕业后我们就要分道扬镳了，希望你能找到自己真正喜欢的人，我也会努力寻找自己的幸福。”说完话，宋鹏头也不回地走了。

看着宋鹏渐渐离去的背影，赵莎愧疚地哭了。

在物质生活丰富的现在，年轻人最害怕的就是寂寞。因为寂寞，他们很痛苦。因为要摆脱痛苦，他们需要一个伴。因为有了伴，他们也就恋爱了。可是，这样的恋爱会幸福吗?

赵莎的故事告诉我们一个简单的道理：因为寂寞谈恋爱，害人又害己。爱情本来是很神圣的东西，是两颗星碰撞时最真挚的感情，而不是弥补心灵空虚的慰藉品。

用来填补寂寞的爱情，注定要成为悲剧。如果你是一个对感情认真的人，一旦确定了恋爱关系，就很难再说出分手之类的话，于是，你就开始坐爱情的监牢，被困在里面痛苦地挣扎，却无济于事。你每天备受良心的谴责，为自己的爱情套上了沉重的枷锁。爱情本来是甜蜜的，但这样的爱情，又怎能令你有丝毫的快乐？伤害了真正爱你的人，你又怎么可能快乐？

再看看不幸与你恋爱的人，自己的爱人并不爱自己，多么残酷的现实啊，你让他情何以堪？付出的真心，竟被人狠狠地踩在了脚下，这种撕心裂肺的痛，你有没有想过？聪明一些的人，发现你的爱情本质后会果断地说分手，让伤害及时刹车，但如果他是陷在爱情世界里的傻瓜呢？你的寂寞会深深刺痛他的心，让他从此不再相信爱情，视爱情为游戏，或者伤害别人。

以爱情来填补寂寞，是现在年轻人经常犯的错误，但这种做法真的是不可取的，这是一种对自己、对他人都不负责任的表现。如果你不是真心，就千万不要踏进爱情的领域。年轻的路还很长，你还可以收获真正甜蜜的爱情。爱情，应该等到你的春天到来时再开花，到时候，你也会享受到爱情的甜蜜与美好，享受到青春的活力。

包容是提升缘分的黏合剂

茫茫人海，你一直在寻寻觅觅自己的爱人，有时候，找到了，却又因为年轻不懂事错过了，追其原因，原来是因为我们太自我，不懂得尊重、包容对方。

我们讨厌大男子或大女子主义的人，我们也讨厌自以为是、自命不凡的人，和这样的人相处，我们的心脏承受能力一定要强，否则一定会被气出病来。如果你还年轻，还有点像脱缰的野马，想我行我素地过活，那你在选择恋人时，还是找一个尊重你、包容你的人为好。

在乡村有一对老夫妇，生活虽然并不富裕，但是却过得很幸福。有一天，他们想把家中唯一的牛拉到市场上卖了，补贴一下家用。

一大早，老头子就把牛赶去集市了，在交换的时候，他总是想给老伴一个惊喜，于是他先与人换得一匹驴，又用驴去换了一只羊，再用羊换来一只鸭，又把鸭换了母鸡，最后用母鸡换了别人一大袋烂香蕉。

当他扛着一大袋子烂香蕉在一个小茶馆休息的时候，他遇到两个人，闲聊时他谈到了自己赶集的经过，两个人听后哈哈大笑，说他回去肯定会被老婆子埋怨，老头子坚持说肯定不会。

后来，两个人和老头子打了一个赌，说如果老头子不被老婆子唠叨的话，他们就给老头子一袋金币，于是三个人一起回到了老头子家中。

老婆子见老头子回来了，心里非常高兴，问老头子用马换了什么。每听到老头子讲到用一种东西换了另一种东西，她竟十分激动地予以肯定："哦，驴可以帮我们干很多农活！""我们有羊奶喝了。""哦，我们有鸭蛋吃了！""哦，那母鸡可以孵很多小鸡啊！"最后听到老头子背回一袋已开始腐烂的香蕉时，她同样不愠不恼，大声说："我们今晚就可以吃到香蕉馅饼了！"

两个人见老婆子如此的反应，非常奇怪，就问她："他用一头牛换了一袋开始腐烂的香蕉，你不生气吗？"

老婆子笑着回答："他这样做我们固然会有损失，但他认为这样值得

啊，既然这是他的想法，那我就应该尊重。而且过日子不可能十全十美，今天我包容他了，改天我要做错什么事，他也会包容我。”

最后，两个人心甘情愿输给了老头子一袋金子。

两个人相处其实是一门很深的学问，走在爱情中的人无不希望自己的恋情完美而持久，可年轻人的爱情越来越像瓷器，精美而脆弱，一不小心就摔得粉碎。我们在爱情里撒娇、任性，感受被爱的幸福，却忘了用心去经营，久而久之，爱情也就走到了尽头。

人的灵魂是独立的个体，不可能依附在其他的灵魂上面，人的思想也不可能成为其他思想的附属品。而两个人在一起，由于文化背景、价值观念和生活经历的不同，总会有想法不一致的时候，这时候，如果对方懂得尊重、包容你，他就不会过多干涉你的自由，他会理性地站在你的角度思考问题，包容你的任性和幼稚。

相反，如果你的恋人是一个过于自我、控制欲又极强的人，那他就很可能以爱的名义干涉你的活动，控制你的自由，将自己的观点强加在你身上。一旦你做错了什么事，他也会在你面前喋喋不休，耳提面命，好似在训斥犯了错的小孩。这样的日子过久了，你大概就只剩下一副躯壳，外表光鲜亮丽，但实际上，心早就空了。

恋人之间和睦相处的基础是尊重、包容。选择爱人，实际上是选择一种令你开心，让你舒服的生活方式。完美的恋人，会给你足够的空间，会让你按照自己的想法去追求梦想、处理事情。在你犯错的时候，他不会过多指责你、抱怨你，而是默默地在你身边聆听你内心深处的想法。

很多恋人分手时，都会埋怨对方不懂得尊重、包容自己，认为自己在爱情中失去了自我。失去了自我的灵魂，就只能如行尸走肉般在这个世界上卑微地活着，成为他人的影子。恋爱是美好的，恋爱的双方也是平等的，没有谁有权力将自己的思想强压在别人身上，也没有谁有权力对对方的行为大加指责。只有尊重、包容的心，才能带给对方真正的惬意，让恋人活出自我，活出精彩。

没有包容与尊重的爱情是走不长远的，甚至到头来还会给彼此带来伤害。年轻人要懂得善待自己，找一个懂得尊重你的人相处，这样你就能做自己喜欢做的事，做自己认为正确的事；年轻人要懂得珍视自己，找一个懂得包容你的人，这样你就不会害怕犯错误，敢于探索生活中新鲜而又刺激的领域。

责任心是缘分到来的吸引力

爱情使人如浴春风，让人甜蜜幸福又酣畅淋漓。有了爱，自然就会想和这个人厮守终身、白头到老。年轻人有时会在爱情的甜蜜中轻易托付自己的终身，等到真正进入婚姻殿堂时，才发现两个人相处仅仅有爱是不够的，生活还需要一种叫做责任的东西。责任虽不是爱的必然条件，但它所具有的无形约束力则会让爱变得更持久、更友善、更完美，而有责任心的人，更值得你托付终身。

一切的镜花雪月都会成为过去，迷恋也总会清醒。随着感觉走的爱情，很有可能会随着爱情的消失而消逝。年轻人容易犯错，总是不能理智地经营自己的爱情，认真过好自己的生活。爱情可以洒脱，但在婚姻的漫漫长路上，有责任心的人才更值得托付终身。

杨瑞长得不帅，不高，也没有显赫的家世背景。可就这样一个不起眼的人，竟得到了校花林小荷的青睐。

谈起林小荷，那可是天生的美人坯子，而且她身上有股清新脱俗的气质，就好像不食人间烟火的仙女，全校所有的男生都对她垂涎三尺。

大家不明白，好男人多的是，林小荷为什么要选择看起来如此不起眼的杨瑞。

当学校的大部分恋情都成为过往云烟的时候，杨瑞和林小荷的爱情却结果了，在结婚典礼上，那些曾经追求过林小荷的男生为她为什么会选择杨瑞，林小荷甜蜜地回忆起了往事。

在学校的时候，追求林小荷的男生大都送她鲜花或约她去电影院，他们想尽一切浪漫的方式想博得林小荷的好感，唯独有一人是不一样的。

有一段时间，林小荷找了一份家教的工作，每天都很晚回来。那时正好是冬天，天气很冷，一个人走在漆黑的夜里，林小荷非常害怕，但她还是鼓起勇气，踉踉跄跄地回到了学校。

林小荷回到学校后，正好碰到杨瑞，她告诉杨瑞自己晚上在路上会害怕。然后，杨瑞表示："那我以后每天去接你吧。"

林小荷以为杨瑞在开玩笑，因为那么冷的天气，没有人会愿意晚上出门的。

但令林小荷没有想到的是，第二天她补完课下楼后，真的看到杨瑞正在楼底下等自己。凛冽的寒风把他冻得直跺脚，但他什么也没说，而是把外套披在了林小荷的身上。

就这样一天又一天，杨瑞每天都准时接林小荷回学校。再后来的后来，杨瑞就成了林小荷的丈夫。

"当时杨瑞每天那么辛苦接我，却从来没有抱怨过，也没有向我要求什么回报。那时候我就想，这个男人，很有责任心，是一个值得我托付终身的人。后来我们一起经历的种种证明我的选择没有错，他总是把我放在第一位，总是默默地为我做所有的事，我被他照顾的像个公主，幸福又甜蜜。"

爱情本身就是一种责任，是一种天荒地老、海枯石烂都不变的承诺。有的人，弱水三千，只取一瓢；有的人，如磐石般永远坚守在爱情原始的位置。这样的人，视爱情如责任，一旦爱了，那就是一辈子的事。很多年轻人，总是把爱情当做一种感觉，却忽视了爱情中的男女是要相互扶持，跌跌撞撞向前走一辈子的。

婚姻，永远都是爱情的最终归宿，再甜蜜的爱情最终也要回归生活的平淡。生活的本真，是千言万语都道不尽的点点滴滴，要想在婚姻的围城中舒服度日，那你的另一半一定要是一个有责任心的人。

一个没有责任心的人，一旦爱情由最初的激情变成日后的柴米油盐时，他就会忘却曾经对你说过的美好誓言，继续玩世不恭地享受自己的生活。这时候，你的泪他无暇去擦拭，你的伤他无心去包扎。把自己的一生托付给这样的人，注定要痛苦一生。

一个有责任心的人，会珍惜自己的爱人。他会时时把你说过的话放在心里，默默为你安排好所有的事；他会记得你的生日和你们的结婚纪念日，让你知道他的爱从没变过；他不会被外界美丽的风景诱惑，心中只有那个他为之戴上婚戒的人。

一个有责任心的人，会为你练就钢铁般的意志，成为一个顶天立地的男子汉。为了给你幸福，无论在外面受了什么委屈，他都会选择坚强面对。回到家，他不会把不开心写在脸上，他会用笑脸化解你所有的担心。

一个有责任心的人，会让你感觉到有家的幸福。他下班后会准时回家，不会贪恋酒场或浮华之地；他不会成为一个工作狂，独留你一个人在家等候；他会时时陪你回娘家，让你的家人对你放心；他还会偶尔下厨，为你准备丰盛的晚餐。

女人一辈子是不是过得幸福，就看他找的另一半怎么样。碰到一个好的，那就继续做公主；但如果稍不留神看走了眼，就得花费自己一生的时间来弥补这个错误。自己的幸福赌不起，嫁人之前一定要看清楚，千万不可看走了眼。年轻人选择结婚对象时，千万要对自己负责，一定找个有责任心的人去爱，找个能担当的人托付终身。

缘分浅薄，何必苦苦单恋

对于爱情，每个年龄段的人，都有着属于自己的美好向往。年少时的纯真记忆、风华正茂时的火热、中年时代浪漫的邂逅，这些都给人的一生增添了很多色彩。30多岁的时候也正是爱情开花结果的时候，每个人都渴望和自己爱的人两情相悦，可是在爱情的世界里还往往有很多“单相思”，你苦恋很久的人并不一定会喜欢你，这时候若想要“化腐朽为神奇”，把“单相思”变为“双相思”，就要靠自己去努力，幸福总是掌握在自己手里，爱情的产生是自己的事，可想要成就一段恋情就是双方的事，如同“一个巴掌拍不响”。所以，爱一个人就要把自己的想法变为两

个人的想法。

单相思的感觉，就像蚌怀着珍珠的折磨与痛楚。单相思是一种摧心蚀骨的痛。它是一种节制而哀伤的情感，是一种近在咫尺却又远隔天涯的距离感、近乎尖锐的疼痛和绝望到底的无助。

暗恋中的人一般都有很多表现：不敢正视对方、很想告诉对方自己的想法却缺乏勇气、看到对方既想靠近又想逃跑、目光经常留恋于对方身上、非常想见到对方等。要知道，这种单恋往往有害而无利，有些人在陷入单相思后，常常是把自己淹没在苦海里无法自拔。这种过分的单相思会导致严重的心理失调。

文清大学毕业后去了一所中学教书，她都30岁了还没结婚，突然有一天，她发现学校转来了一位男老师，名叫小刚，他正是文清很欣赏的那种英俊帅气又成熟的男人。在接触了几次之后，她对他的那种爱慕之情有增无减，常常会想念他，就连上课、吃饭都盼望能看见他。然而当有时在路上偶然遇见时，她又会害羞不敢多和他搭话，小刚看上她一眼，就令文清激动不已。

在学校里因为怕其他同事笑话，文清始终不敢把自己的想法告诉小刚，一个人苦苦守了好久。直到有一天，小刚领着一个年轻漂亮的女孩向同事们介绍，这是他女朋友，准备举办婚礼，届时邀请大家光临。这一刻，文清才觉得自己的错弥补不了了，她的心一下凉了半截，觉得自己受到了沉重的打击。

从此以后，文清陷入了不能自拔的痛苦之中，她也想到过死，可是她又不能死，从此一直郁郁寡欢，后来患上了抑郁症，可父母和同事们也不知道究竟是因为什么。

单恋本就是一方对另一方的以一厢情愿的倾慕与热爱为特点的畸形爱情。单恋多是一场感情误会，只是“爱情错觉”的产物。如果文清能早点把自己的想法告诉小刚，不管结果如何，她都能够释怀，放下这份苦苦的单恋，结果会完全不一样。幸福是自己追求来的，如果只有想法而不付诸行动，结果就什么也得不到。处于单相思的人饱受着思想上的折磨，那么为什么不去做些什么让它从想法变成现实呢？让对方知道自己的心事，或许对方也有着和你一样的情感，却和你一样没有说出口呢？

琴就是一个将“单相思”变为“双相思”的人。她和她的丈夫的幸福婚姻就是靠她的坚持不懈追求得来的，最终他们获得了属于两个人的幸福生活。

琴是一个单纯开朗的女孩，在大学开学典礼上看见代表新生致辞的丈夫，从那时候开始她就不由自主地喜欢上了被称作天才的帅气的男生。经过两年多的暗恋，她终于鼓足勇气在学校中对他表白，可是他们一点都不认识，他很漠然地拒绝了她，可是执着的她并没有放弃，继续对他的追求，终于得偿所愿，她实现了自己的想法，并和他成就了一段令人羡慕的美满婚姻。

情书就是她的一招。有一封情书是这样写的：“你好，我是F班的琴，虽然你并不认识我。但是，你见过我，我就是那个不知天高地厚还向你表白过的那个女生，你可以慢慢了解我，自从第一次在新生典礼上看到你，那一天，我的眼光就永远停留在了你的身上，不管是新生致辞的你，还是和旁人聊天的你，还是落寞不说话的你，我总可以很快地在人群中找到你的身影。仿佛你在哪里，光就在哪里。很不好意思说得这么直接。可是，我鼓足勇气给你说这些，我知道，如果我这次不说，下次不知道还有没有机会，如果我不让你知道，你永远不会知道有这么个女孩在执着地等着你。如果今天不说，下次相见时，我们又不知道会有多少改变，我已经错失了好几次向你表达的机会了。这一次，我鼓励我自己，说什么我也不会放过你。我对你的爱慕已持续了两年，我不想让这感觉成为永远的遗憾，所以我决定勇敢地写下这封信向你表达我的心意。我喜欢你！”

多年后邻居和亲戚们问起他们的爱情故事时，琴毫不掩饰地挂着幸福洋溢的笑说：“他是我厚脸皮追来的，刚开始我暗恋的很苦，向他表白被他拒绝，后来我鼓起勇气写情书，他还是不理我，我就不信他的心是石头做的，我就天天在校门口等。唉，那段日子……可最终他还是注意到并喜欢上我了，他可是学校很多女孩子钦慕的对象，居然和我结婚了。”说到这些的时候，他们二人都会相视一笑。

自己的幸福应该自己去追寻，放下自己的矜持和羞涩，勇敢地把爱

说出来。琴就是最好的例子，她用自己的方式把“单相思”变成了“双相思”。可能很多人想，暗恋一个人很难变成现实，因为根本不知道对方会不会喜欢自己，如果遭到拒绝，可能就没有翻身的机会了。可是，默默地等待只会让你“白了少年头”，往往等待只会让你错过更多，你也没等到你真正想要的幸福，当你到了一定的年纪，你也只能将就自己和一个你并不是很喜欢的人在一起了。

单相思是一件痛苦同时又让人黯然欣喜的事情，一厢情愿地付出而没有收获，时常会让人烦恼，长期的单相思更是一种漫长的痛，就像一场无法醒来的梦。单相思的你其实就是在无形中给自己织了一张无法解开的网。日复一日、月复一月，任这张网来折磨你的内心，你守着、念着、思着、痛着、恋着、苦着，却依然默默地等着。这是何苦呢?

幸福是需要自己追求来的，放下那份矜持与“不好意思”，大胆去追求幸福，“守得云开见月明”，和琴一样，你终会得到你要的!

参考文献

[1] 李开复.做最好的自己[M].北京：人民出版社，2005.

[2] 林少波.我的人生我做主[M].北京：中国纺织出版社，2005.

[3] 金韵容.先斟满自己的杯子[M].北京：中信出版社，2008.

[4] 郑沄，郑鉴.二十几岁决定人的一生[M].北京：中国纺织出版社，2008.